自然と文明

浜　未来

創英社／三省堂書店

序

自然の要求：単純への回帰

複雑は豊かさではなく、過去の累積である。
現在の膨張であり、成長の極致である。
単純は本来の姿であり、可能性の根源である。
あらゆるものの出発点であり、未来を秘める。

自然、それは単純を求めるが結果は複雑となる。
それは成果の証明であり、
それは豊かさへの一歩である。

社会、それは複雑を求めるが結果は単純となる。
それは停滞の証明であり
それは衰退への一歩である。

複雑は人間への警告であり、
単純への回帰の要求である。

自然の要求：完全なるリサイクル

目次

はじめに

自然界における生きものはすべてそれぞれに役割を担っているが、生物としての人間がそれらとどのような関わりを持っているのか、そして人間としての役目は何なのかは皆目私にはわからない。しかし、他の生きものと同様に直接的に生命の関わりを持っていることは、やはり人間も自然の一員であり、自然は最も大切な存在であるという認識は常にある。

〝人類がよい方向へ向かわなければ自然は破壊される〟ということは誰にでも言えることであり、自然が与え続ける恵みにおいては限度があるということも、あわせて認識を強くしなければならない。与え続ける自然の恵みに甘えてばかりいると、地球存亡の危機に陥るということは資源の枯渇が証明している。自然が与え続ける恵みに対しては、人類は愛をもって答えなければならない。冷たい文明社会ではなく、愛がある温かい文明社会でありたいものですが、機械化が進む文明社会では人間をも物質化するものであり、人間がその中に埋没するようでは無理なことなのではないでしょうか？　一滴のインクが水中に消え入るように、人間性も感情もその流れの中に消えてなくなりそうですが、人の消費力だけは湧水のように湧き出てくる。自然の湧水には限りがあるが、人間の欲望には限りがない。その無限なる人間の欲望が、有限なる自然の資源を食い尽くそうとしている。食べるだけ食べてその後始末もできない子供のような人間には、罰を与えなければならないが、その欲望のおかげで文明が栄えてきたことを思えば、否定はできないが、ある一定の折り合いを付けなくてはならない。

自然が永年かかってつくった循環機能を傷つけ、自然が何億年かかかって蓄えた財産を、数百年で使い尽くそうとしている人類は、まさに、何代にもわたって築いた身代をあっという間に食い潰そうとしている放蕩息子だ。もっとも何億年経て生まれた人類は、今は一年で誕生することを思えば、進化は進化を呼ぶのであろうか。

それにしても、完全リサイクルや葉緑素の働きを学ばないうちに、自然の仕組みを壊そうとすることは自滅を早めるようなものだ。人類が歩むべき道によって、青々とした美しい地球と自然の存亡が決まるというのは、それは人類のおごりだ。人類が自然の中の一部だとすれば、自然は破壊される前に人類を滅ぼすだろう。自然が人類を守るか守らないかということは、宇宙の意思や秩序に沿うような生命体の存在、すなわち自己組織系として秩序を持つ自然の一環として決められることだ。それが自然の掟であり、宇宙の意思なのです。たとえ人類が滅びようとも、自然は多少の修正を強いられるに過ぎないでしょう。自然にも宇宙にも悪はないのです。悪は人間がつくった黒い色彩です。自然と宇宙にあるのは、徳の上に輝く美の色彩だけです。自然はそれだけ道徳的な色彩を帯びているのです。自然を守ること即ち地球を守ることが、それぞれの国家防衛よりも先ではないでしょうか？　地球防衛なくして国家の防衛があるのでしょうか。地球防衛は外敵ではなく、人類が人類から地球を守るのです。地球防衛は武器ではなく愛と善で守るものです。

自己防衛といって皆が銃を持つようになったら、危険がさらに増幅して恐ろしい社会になるように、国家防衛の名の下に、各国が核兵器を保持するようになったら、軍拡競争となることは間違いありません。なぜ世界で紛争や戦争が終わらないのでしょうか？　宗教的なこととか領地収奪か人種差別か等々原因はさまざまであるにしても、そこには、軍拡競争のような、相手が持つから持つ、やられたからやり返す、殺されたから殺すという、果てしない人間悪の連鎖があるからです。それを限りなく増幅しているのが核兵器などの兵器です。そしてそこでは、人間性と言葉はまるで無視されて、兵器が先に立つから、お互いが相手を赦そうとする気持ちは少しも生まれません。仕返し・復讐・殺傷が、大義名分の下に堂々と行なわれて、戦争そのものが目的と化します。〝悪には悪を、憎には憎を〞は人間悪を限りなく膨張させるだけです。〝憎には愛を、悪には善を〞という公式を忘れてはいけません。

彼：「〝核兵器・自然保護〞という〝世界の問題〞を論じ合った上で、各国の防衛や自然保護対策案を立てなければならない。要するに、世界が一つにならなければならない情勢です」

私：「それでは、〝事業仕分け〞ではないですが、仕事を分ける必要がありますね？」

彼：「〝世界の仕事〞に加えて、〝国家の仕事〞と〝地方の仕事〞を分けることです。制度を変えられないのであれば、徹底して単純化することとです」

私：「単純化するためには、現場と直結しなければならないのでは？」

彼：「その通りです。地域のことは地域の人たちが熟知しているわけですから、そこにはそれなりの工夫や創造ができます。いくら優秀な人たちがいる中央でも、地域の隅々まで把握することは不可能です。お金は大切ですが、それ以上に、〝自分たちでやろう〞という地域の雰囲気が要求されますね。〝金がなければなにもできない〟という考えをまず捨てることです」

私：「そうですね、私なんか金もなければ家もないですが、それなりに結構楽しんでいますよ。それに、外国のように戦争や紛争やテロもなく、餓死者が多発することもないから日本は平和です。日本に生まれてよかった！」

彼：「日本の今の窮状は、その平和ボケかもしれませんね」

人類が今進んでいる方向が正しいかと尋ねたら、みんなNOと答えるだろう。では、人類が進むべき正しい方向とは？　と尋ねたらわからないと答えるでしょう。要するに、進んでいる今の道は間違っているが、これから進むべき道はわからないということでしょう。人類が進むべき道がわからないように、各個にも方向性がないのです。自然の中で方向性が明確で結果が判明しているのは唯一生産者のみです。行動は単純ですが植物の結果には花も実もあります。花も実も美しいのは成果の証であり、全体の中の個の輝きです。数十億年の自然と数百万年の人類とは、大人と赤ん坊くらいの差があります。その自然から学ぶことによって、人類の進むべき道が見えてくるような気がします。

今の道を進むとどうなるのでしょうか？　核兵器を背負った人類はどこへ行くのでしょ

うか？　そして青々とした地球と自然をどうしようとするのでしょうか？　そんな先のことはわからないと言わずに、考えることが私たちの責務です。考えて話すのが国民であり、それを実行するのは政治家です。人類がこの世に生まれたときから、私たちは「平和を求め豊かさを求めて」歩んできたのであり、滅びるためでも争うためでもないことは確かです。「人類の平和・世界の平和」のために、人類は進歩を重ね文明を築き努力してきたにもかかわらず、安心して生活できる場所がどこにもなくなろうとしています。それだけではなく、破滅へ向かって進んでいるような不安があります。人類が地球上に生まれて、文明の築造・破壊の繰り返しの果てに滅亡、というシナリオではないはずです。「青々とした美しい地球上で、人類が平和に暮らす」ことが世界の最終目的です。世界の目的が各国の目的でもあるのに、人類を滅ぼす恐れのある核兵器を排除するどころか、反対に軍拡競争したり、地球を脅やかす温暖化へと歩を進めています。世界の星A国のOさんこの流れを変えられるのでしょうか。

自然：人類の歩むべき道は？

日本の、否、世界の進むべき方向は？

人類：成熟した社会に戻そうとするのか？　理想的と思われる状態で折り合いをつけるのか？　はわかりませんが、いずれにしても政治問題であり、人類の、否、一人一人の生き方の問題でもあります。さぁ、みんなで考えましょう！
自然：山と谷を往復するだけか？
人類：いや、その上の空を目指しますよ。
自然：よせよせ、我々のように循環する生き方をすればよい。
人類：人類はあなたのように完成品ではありませんので、完成するまで進化し続けます。そのためにもまず宇宙へ飛び立つのです。

科学の進歩はとどまることを知らない。窒素を固定化したように、二酸化炭素を固定化して貯蔵し、必要に応じて使用できるようになるならば、温暖化への進行は留まるでしょう。固形化した携帯用の食料とか、飛行自動車そして飛行できる家などは、宇宙時代に向かって大歓迎であるが、人間が人間をつくり人間改造などをすることになったら空恐ろしいことです。人間改造ではなく、人間改革を目指してもらいたいものです。

私：「文明が進むにつれて、人間は変わるのではないですか？」

彼：「機械化が人間を変えることです。パソコン、携帯電話そしてメールと、あらゆることが機械的に処理されて、人と人との接触・会話が無くなります。医療は自宅で、介護はロボットでということになりますと、感情の希薄化は顕著になります。そして、囚人のように、人間は番号で管理されることになります。つまり、文明の進化は、だんだん人間性を奪っていきます。文明の進むままか？　どこかで折り合いをつけるか？　人類の生き方が問われていることです」

人間の本質は「考える」ことであり、「想像・創造する」ことであることは言うまでもないことです。「考える」と「想像する」ことは人間全体のことですが、「創造する」ことは個人の本質に属します。いかに創造するかによって個人が輝やき、社会に貢献できるかということです。すなわち、「個性の発揮」によって「社会に貢献する」ことが個々に課せられたことですが、同時にその創造は「自然に合うもの」でなければなりません。つまり、自然と社会は一体のものであり、社会の中での個性の発揮が、自然に優しいものでなければならないということです。光・空気・水・土・木・石・火等々と身辺をよくみてください。すべて自然からの恵みであり、自然と関わりのないものはないのです。

建築・庭園・お茶・露地・料理・工芸品等々、人間が生んだ「創造」と「自然」が、合致したときに最高のものとなります。

あらゆるものの原点は自然にあり、その自然を知ることは、自然を観ることであり接触することです。それは自然の中を歩くことに尽きます。自然の行動が単純を求めるように、人間もなにも考えずに単純に歩けばいいのです。そうすれば自然の方から寄ってきます。

私：「自然は大好きですが、自然のことは全然わかっていません」
彼：「みな同じですよ。それでも、このごろ私は自然観が変わってきました。それは、『自然は完成したものではないのか』と強く思うようになったことです。〝自然は完成した理想の姿である〟からこそ、変わらずに循環しているのではないのか？」
私：「なるほど！　その根拠は何ですか？」
彼：「全体の仕組みと、その中での個々の働きと役割が少し見えてくるにつれて、人間社会以上のものを感じます。それと同時に結果の見事なことです。自然は動いています、流れています。常に変わっている中で結果は不変です。夜空を見なさい！

花を見なさい！　その美しさと精巧さの神秘の中には、人間の知り得ない秘密があります。それは他の植物や生き物にも言えることです」

私：「〝植物が、必要なものを自分でつくって有害物を取り込んで成長を遂げる〟ことを知ってから、敬意と驚嘆と神秘の中に道徳性を強く感じました。原因や経過はわからないのですか？」

彼：「私には皆目わかりません。しかし、人類誕生の何億年前から始まっていたことですから、植物が自分自身の生存のためにつくった組織ということになります。この植物の光合成の秘密が解明されたならば、人類の大きな飛躍の一歩となります。あるいは人類の進む道が見えてくるかもしれません」

私：「どういうことでしょうか？」

彼：「人類も、最終的には何万、何億年かかるかわかりませんが、植物のように生産者となります。つまり、CO_2＋H_2Oからなんらかを触媒として、体内において人間に必要なエネルギーをつくり、酸素も自給できるようになるということです」

私：「なるほど！　それが人間の完成ですね。それにしても、限りない進化に哀れさを感じますが、地球はどうなりますか？」

彼：「進化する人類の宿命です。宇宙派と地球派か、格差の増人による富裕層・貧困層になるのか、自然派・文明派はたまた都市派・農村派に分かれるのかは知りませんが、地球は今よりもずっと青々として美しいことでしょう。そして、自然が完成したものとすれば、自然を通して人類の理想的な生き方を探り当てることです。それは、全人類が地球上に永続できる一つの方法かもしれませんね」

私：「無限なる進歩に区切りをつけなければ、いずれ地球は滅んでしまうということですか？」

彼：「人間、原始生活に戻ることはできないのですから、理想的な生存形態を探り当てて、自然のように循環的な生活を送ることです。まさに人類の生き方、世界の方向性が問われているのです」

私：「人類の進む方向、進化による感情の希薄化ということを、具体的に説明してください」

彼：「機械化が進み、物事を知的・機械的に処理する（または機械が処理してくれる）のであれば、感情の表現も少なくなり、むしろ、だんだん邪魔な存在になるかもしれませんね」

私：「文明社会は冷たいですね？　愛情はどうなるのですか？」
彼：「無責任な推測ばかり言っては皆さんにお叱りを受けますから、後で専門家の方々にお尋ねください。ただ、確実に言えることは二つあります。一つは、〝人類が変わることは世界が変わることであり、世界が変わることは人類が変わる〟ことです。つまり、文明社会がますます進むにつれて、人間も社会も、そして死生観や愛情感をはじめとして諸々のことが、その形態をも含めて変わることでしょう。それは、今の私たちからすれば、人間が人間らしさを失うことであり、冷たい人間社会になることですが、進化した社会から見れば、最適な人間ということになるかもしれませんよ」
私：「これ以上進歩しなくていいですよ。どこかで区切りをつけて今の生活を続けたい！」
彼：「意識改革を通して、生活まで変えなければならないかもしれませんね。文明の進むままに任せると、食料品や衣料品などもガラリと変わりますよ。例えば、食料品は固形化して、衣料品は通信や情報収集の機器を備えた衣服、つまり、通信（会話）・映像（ＴＶ）・送受信（音楽・メール）等々が、いつでもどこでもできる装置を備えたものになるということです」
私：「変わるということは、一時後退するということではないのですか？」
彼：「新たな出発のために、一歩後退して、体制を立て直してから進む必要があるかもしれませんね。戦争や紛争やテロが鎮まり、人類が歩んできた結果の核兵器・地球温暖化問題を、いかに解決するかによって、世界の進路が決まるように思います」
私：「どういう意味ですか？」
彼：「速やかに解決できることは、新たなる世界築造の可能性が高いことを意味しますから、人類誕生以来の目標である、〝平和に幸せに暮らせる世界〟へ向かって進むことになります」
私：「世界の方向付けによって、各国の進む道が決まるということですか？」
彼：「世界の問題は認識を一つにしなければ、各国の方向も定まりません。日本も新しい道を進もうとしていますが、〝皆が進む方へついていく〟とする個人の生き方にも危惧を感じますね」
私：「どういうことですか？」
彼：「個々の信念の上にこそ、真の自由があり民主主義が存在することからすると、日本では、良きにつけ悪しきにつけ、〝皆で渡れば怖くない〟主義に、民主主義が存在するのか、そして、正しい社会があるのかという点に不安を感じますよ」

私：「自然とは無関係になりましたが？」

彼：「自然は環境変化に細やかに対応して常に動いているように、社会を考えることは自然をみているようなものです。切り詰めていくと、人類の頭脳が世界を導くのであり、自然・文明・人間がいかなる関わりと調和を持って進むかによって、世界の行く末が決まるのです。つまり、人類も文明社会も、自然があって初めて存在することを強く認識して、自然から学ぶことを謙虚に受け止めなければならない」

私：「機械化されると、人間あまり考えなくなるのではないのですか？」

彼：「思考はすると思いますが、文明の進化による文化生活と個人主義思考が、孤立化を進めることは確かです。立派なビルは牢獄と化し、互助精神もその中に消えてしまいました」

私：「自分のことは自分でする時代ですか？」

彼：「その通りですよ。業務上は別としても確かに互助精神は希薄です。しかし、それは社会の進歩と見るべきかもしれません。人間や社会が変わっても、制度・体制が古いままでは、社会市場の進展・変動に逆行することで、なんら進歩とは言えません。泥んこの靴を履いて銀座を歩いているようなものです」

私：「どうすればいいのですか？」

彼：「具体的なことは頭にありませんが、最終的にはすべて個人に帰することです。民主国家であればなおさら、確固とした考え方・生き方を持たなければ成り立ちません。〝皆で渡れば怖くない〟式では、真の民主主義はありませんし、正しい社会にはなりません。個人に帰するのは当然なことです」

私：「年金なんかはどうするのですか？」

彼：「当然、自分で払ったものを自分で受け取るのです。例えば、決められた金額の範囲内から、自分で選択して、年金専門の銀行へ支払うことです。それを国で管理運営すればよいのですが、方法は色々あると思います。その他の制度も、制度自体を変えることができないのであれば、金を削るのではなく、極力単純化することです」

私：「〝事業仕分け〟は、大変よいことですから続けて欲しいのですが、限界がありますね？」

彼：「既存の制度の見直しで改革ではありませんから。改革をしないのであれば、地域主権や地方分権にしろ政治形態はどうであれ、政治が国際問題、国内問題、地域問題とするならば、地域問題は地域に一任することです。そこには、真の政治も単純化も無駄を省くことも存在します。日本が変わり得る一つの方法かもしれません」

私：「〝手当などなにも要らないが、安心して働ける場所が欲しい〟と若者たちも言います」

彼：「今、日本は異常です。手当や補助金は、あくまでも、日本が正常になるまでの臨時のものであり、恒久的なものではありません。日本の根幹にも関わる中小零細企業と雇用問題の対策が立たなければ、不安定な状態が続くわけですが、この問題は地方の活性化問題の一環として考えなければならないようですね」

私：「〝安心して仕事ができる〟ということは、〝安心して生活できる〟ということにもなるし、それは、安定した社会状態でもあるんですね？」

彼：「そうなんだ。『安心して生活できる』ことは、政治の目標であり、国民の願いでもありますが、そこまで達するには時間がかかる。そこからさらに、最下層の生活水準を上げていくことになるが、それを達成することは、国家・政治の最終目的を実現したことになります」

私：「貧乏人の生活水準を上げることが、どうして一番後なのですか？」

彼：「不安定な状態で下部を持ち上げると、歪みが生じてすぐ壊れるので、一時的な処置として手当てが必要となります。どのような国家・社会形態であれ、人間という個人差は上下の結果となります。その上下の差を小さくすることが政治の役目となります」

私：「安心して仕事がしたい。不安な毎日ですが、人込みに入るとホッとするんです」

彼：「刺激や賑やかさを求めるのが若者ですが、半面不安や悩み多きも若者です。したがって、人が多く集まるところに行くとホッとするのは、仲間意識もあろうが、そういう不安や寂しさの裏返しでもあります。私は、人込みはいらいらして疲れますが、自然の中では我が家のように落ち着きますよ。このような煩雑な社会、複雑な組織の中では、自然がますます必要になります。自然はこれ以上減らしたくない。自然を増やすことを常に念頭に置きたいものです」

世界の人口が増えている中で、一人当たりのエネルギーの消費量・ＧＤＰはさらに増えて、人口の数倍になっています。そして、大量生産・消費が単なる物質文明をもたらし、平和・幸福・安心の遠のいた空虚な文明と化しつつあります。「文明とは人の身を安楽にして、心を高尚にするを言うなり」（福沢諭吉『文明論之概略』）。文明の概略には、金銭的・物質的なものだけではなく、精神的なものの向上ということが含まれています。精神的なものが置き去りにされた文明は、文明というのでしょうか？

文化生活は日本の隅々までも行き渡り、「身の安楽」は進んだが、「心」のはうはむしろ後退したようです。金や物だけを追い求めた結果、〝道徳の希薄〟や〝人間性の劣化〟ともいうべく、精神的にはますます貧困化してきているように感じます。

人間性の欠けた文明は、〝花のない著名な花瓶〟のようなものであり、〝無人の豪邸〟のようなものであり、中身の無い空虚なものとならざるを得ません。

地球的規模の環境問題、世界的な核問題等々は、これからの〝人類の生き力〟が問われていることです。

日本においては構造改革といわれるが、それは、……人 間 改 革 か ？

すべては、……人 間 改 革 か ？

第一章

自然とは?

1．日本列島と自然

日本列島という地形上から、自然や風景を見るとき、山が大きな割合を占めます。〝日本列島は、高さ数千メートル、長さ二千キロメートルにも及ぶ、大山脈の頂部に相当する〟ことからすると、日本の自然美は火山によるものであり、それは富士山に代表されます。富士山は自然美の象徴であるばかりではなく、日本国の象徴でもあります。富士山は、日本列島の中央という地理的条件に恵まれていますが、やはりその自然は群を抜いています。その美しさは、〝真白き富士の嶺〟と、〝裾へ延びるなめらかな線〟であると感じます。〝頂きの形〟よりも、色気をも感じる〝裾へのなめらかな線〟が、さらにその美しさを強調しています。そして、「富士山だけが所持する条件」がその美しさを日本（世界）一としています。

・富士の山おなじ姿に見ゆるかな
　あなた面もこなたおもても
右衛門督僧都

それは、「円錐体」。円錐体火山であり、あらゆる方面から同じように、その美しい富士の姿が見えることにあります。東西南北いずれの方角からも、美しい姿が見えることは、日本のみならず世界でも類例を見ないことから、世界一とも言えます。「富士は蝦夷語〝火の女主〟（ふじ）より由来す、以て太古蝦夷人のこの山を崇拝しかつ愛慕せしを知る」のように、大和朝廷をはじめ、それより遠い異国であった蝦夷地の人々の、古くからの憧れの的であったのです。中国、朝鮮をはじめ、オランダ、イギリス、フランス、アメリカ等々、富士山に対する世界の嘆声が聞こえ、絵画に、詩歌に、俳諧に、彫刻にと讃える富士は、世界の富士であり名山であります。そして、日本の山はすべて富士山を標準として、富士山に似ていることが大変名誉なことであり、すべての山は〝富士の名称〟を冠せます。

・富士見ずばふじとやいはん陸奥の
　岩木の岳をそれと詠めん
定家卿

・薩摩がたえい郡なるうつね島
　これや筑紫の富士といふらん
読人しらず

チャチャノボリの千島富士、羊蹄山の蝦夷富士、岩手山の南部富士、吾妻山の吾妻富士、榛名山の榛名富士、黒姫山の信濃富士、大室山の伊豆富士、西山の八丈富士、飯山の讃岐富士、由布岳の豊後富士、可也岳の筑紫富士と呼びなすように、富士山は名山の標準であり、日本国の代名詞でもあります。このように富士山をはじめとする山々が、日本国であり日本の風景であり日本の自然なのです。その谷間に住む日本人は、まさに自然の中に住んでいたのであり、その美しい風景は里山風景であり田園風景であります。

「日本風景の粋は火山にあり」、「名山とは火山の別称なり」（『日本風景論』志賀重昂）と、筆者は極論するのもうなずけるのですが、人を寄せ付けない山は、美しいが花のない花器のようなものであり、魂のない冷たいものとなります。人がいてはじめて山も風景も生きるのであり、美しいものとなるのです。

2. 日本人と自然

日本人の自然に対する姿勢は、〝自然と一体となる〟こと、〝自然と融合する〟ことであった。などと言葉で表現しようとすると、別のものを一緒にするようであるが、自然と人間はともに生きてきたのです。昔のように自然と密着した生活は、生活が自然であり、自然が生活であったことからすると、自然への愛着が深く、自然の変化に対して敏感にならざるを得ません。人間も社会もそして神もすべてのものが、自然に吸収されていたのです。その自然に対する深い心情や観察は、詩歌の創作となり、生活が詩歌となり、詩歌が生活になったときもあります。広い分野におけるその創作や創造は、文学作品をはじめ後世に残る多くのものをつくったが、その中でも特に建築とそのすばらしい庭園とがあります。その前に立って皆さんは何を思い何を想像されますか？

私：「昔と何が変わったのでしょうか？　私たちの愛する目の前の池、その周囲の梅・桜・椿・つつじ・萩・柳・かえで、そして、蓮・山吹・すみれ・すすき等々の花木は、万葉人も愛でたものと思えば感慨深いものがありますね？」

彼：「そうです。自然は流れ続けているので、〝無限の循環である自然の姿〟は、流れ廻る大河のようなもので、そこへ時間が色々なものを運んでくれます。過去と現在は未来へ流れます。〝自然は常に古くて新しい〟ように、〝人間も常に古くて新しい〟ものとして流れ続けます。」衣服や食物など生活様式や習慣などが変わっても、人間の本質と自然に対する心情はなにも変わらないといえます」

私：「しかし、二千年も経っているのですから……。それでも大変親しみを感じますね」

彼：「人間という生き物は、〝進化〟という目に見えないものを背負って、時間とともに歩んでいるわけですが、この大きな池に、一滴のインクを流した程度の変わりようかな。宇宙年齢は百三十七億歳、地球年齢は四十六億歳に対して、人類は何百万歳とまだ赤ん坊だ。千、二千年は宇宙時間でみるならば、一、二日程度であろうから人間も大きく変わりようがない。流れを通して自然を通してならば、万葉人も平安人もすぐそばに見えるからな！」

文明の進歩とは自然を征服することだとされて、実際、西洋文明は自然を征服することによって成立した。それとは反対に、日本文明は自然と一体になることによって発展してきた。生活の中に自然を生かし、自然の中で自己を育むように、文明の中に自然を生かし、自然の中に文明を育てることは、人間は自然の一部であるとする日本では、当たり前のように行なわれてきました。そして、その精神は、万葉の時代を超えて今も伝えられているようですが、宇宙が少しずつ解明され身近なものとなるにつれて、〝宇宙も地球も生きて進化している。人間も他の生物も、その宇宙の生命体の一環である。〟とする考えも浮かんでくる。さらに、文明が発達して文化生活が日本の隅々までも行き渡った現在、自然に対する心情は、田舎と都会ではまるで違う。そして都心と郊外とはその差がまた大きい。雪国の田舎では、長い冬の雪は障害物以外の何者でもないように、追い求める文化生活が自然を遮断する。観念的になりやすい都会では、自然に対するその思いと憧れは強く、常に日常生活とともにあり、意識の上からはむしろ田舎人である。要するに、田舎のそれは悟りからくる不平なき自然の受容であり、時には喧嘩をする夫婦のようなものです。都会のそれは故郷を離れた家族を思う心境のようなものではないであろうか。

私：「子供の頃は自然を相手に外で遊ぶほうが多かった。今思うと、家は寝るためのものであり、広い道路が居間、勉強部屋と遊び場は広い野原と海と山、青空が屋根といった感じで、一日中自然と遊んだものです。しかし、自然と人間との強い関係は、いつの間にか社会と人間との関係に変わりましたね」

彼：「それが自然なことです。オギャーと生まれたときはまだ自然人。花木がある程度成長すると茎や枝が分かれるように、〝子供の心〟もやがて二つに分かれる。そのときが人間の出発点であり、迷いや悩みが生じて社会への仲間入りとなる。これまでは自然の中にいたが、これからは社会の中にいて自然を見ることになる」

私：「社会から自然を見ることは、自然との距離を置くことになりますが？」

彼：「距離を置くのではなく、自然と社会との間に膜ができますが、それは〝意識の膜〟です」

私：「確かに、なにかが頭にある間は自然の中へは入れません。多少時間はかかりますが、入ると平静な気持ちで覆われて、そこから自然が楽しめたような気がしました」

彼：「自然人としての本能の代わりに、人類が知能を得たときから距離ができたのです。それは子供と大人の距離であり、特に幼児の純な行動はそのまま自然の言葉であり表現でありますが、大人のそれは意識を通しての創作であり、技巧を弄した言葉の表現となります。その意識の膜は、万葉人と現代人との自然に対する距離かもしれませんね」

私：「どういう意味でしょうか？」

彼：「現代における自然はもう観念的だということです。万葉集における自然観は〝自然中心的〟といわれているように、そこには人間と自然との距離はなく、人間そのものが自然であり、人間の心や感情もそのまま自然の描写によって表現される。つまり人間が自然と一体になっていると言えます」

私：「戸を開けると目の前に広がる自然は、当時の人々にとっては大きな存在であったと思います。特に、窮屈な宮廷の人々には最大の心のよりどころであったはずですし、すべてを吸収してくれる自然に対する愛着は、むしろ一般人より強かったのではないでしょうか？」

彼：「確かに外は大自然。生きることを直接的にも間接的にも、その自然に依存していた万葉時代は、自然と人間はより密着した生活になるのは当然ですよ。〝自然が中心〟にあり人間がそれと一体になっていたことは、遊びそのものが生活だった君の子供時代と同じじゃないのですか。当時は色々なものが外国からは入ってきた中で、エリートたちは、特に、漢学を学び、仏教を重んじたようだ。しかし、仏教を厚く信仰した当時の人達は、自然の山や川、そして木や石にと心を寄せ、それに神の存在を見ようとする伝統的な信仰を忘れてはいなかったようだよ。人間も神も自然の中に吸収される〝自然中心的〟な考えは、仏教もその中に組み入れたようです」

私：「しかし、現在は文明の中に自然を組み入れなければなりませんね？」

彼：「その通りです。人間はやはり自然から生まれた自然の子供です。動物性は自然に属しますが、人間性は文明社会に属します。両方を所有する人間にとって、自然と文明は一体であり切り離せません。その子がつくった文明社会は、自然の孫になります。可愛い孫には、正しい道を教えなければなりません」

私：「正しい道とは、人類が進むべき正しい方向ということですか？」

彼：「そうです。考えて創造・行動することが人間の本質ですから、進歩は止めることができませんが、正しい方向付けをすることはできます。文明が進歩すればするほど、人間性が希薄になっていくことは確かなことですから、このまま真っ直ぐ進むことが、良いか？　悪いか？　は私にも判断しかねます」

3．自然を知ろう　―植物―

自然を知ることなどできるはずもありませんし、ここでは〝自然とはなにか？〟と自然を定義付けることでもありません。自然に多く接して、ごく常識的なことを直接感じてみようということです。〝自然は本来静かだ〟〝自然は美しい〟〝自然には無駄がない〟〝自然は単純な繰り返しをする〟〝自然は単純を求めるが結果は複雑である〟等々と自然の特質を羅列して、表層的なことを述べるつもりはないのですが、自然の中を歩いてみて皆さんもこれらのことを実感したことではないでしょうか。

「知即愛」「愛即知」の言葉の通り、何事においても対象を知らなければ表現もできないし行動もとれない。知るためにはその対象を愛さなければならないし、愛するためにはそのものと一つにならなければならない。などと古びた愛情論を敢えて持ち出したのは、この物質文明社会において薄れた愛の認識を強く持って欲しいからです。すべては愛がなければ成り立たないように、自然もその例に漏れず優しく愛さなければその姿を現しません。

自然の中に立ったときに、〝これらの植物のおかげで人間は生きているんだ〟という生物的な意識よりも、〝静かだ・落ち着く・癒される〟と、精神的なことが先に来ますね。これは、感情や欲望は自然とともに生まれた動物に属するもので、後で獲得された知能は人間のものであることの証明かはわかりませんが、ともかくも人間は植物と一緒に生活しているときが、一番安らぐことは確かなようです。

〝植物には魂はあるが感覚はない〟とするアリストテレスから、〝植物にはただ運動が欠けているのみ〟とするカール・フォン・リンネを経て、〝植物も動物や人間と全く同じように身体を動かすのであるが、それは人間よりもずっとゆっくりしたペースだ〟とするダーウインの教説へと、植物の研究も驚くべき進展となります。

〝植物には感覚も意識もある〟〝人間をしのぐ敏感さと才能〟〝宇宙と交信する植物〟等々の研究結果を信ずるべく、驚くべき科学と機器の進歩がある。最近では自然の中で草木に話しかけることによりその反応を感受できたり、葉に優しい言葉をかけることにより、生き生きと命が長引くこともわかってきています。これらとともに、植物が唯一生産者であること、つまり、〝二酸化炭素＋水と光、そして酵素（葉緑素）を媒介として、自己に必要とするエネルギーをつくり、酸素を放出して二酸化炭素を取り込んで成長する〟ことを考え合わせると、人類側から見た場合に、植物は完成したものではないのかと思わざるを得ません。CO_2+H_2O＋光から種々のものがつくれるならば、人類の生活も限りなく広がることになるし、宇宙（自然）にはまだまだ未知のものが含まれていることからすると、計り知れない可能性を秘めていることは間違いないと思われます。そして、人間が自然の中へ入っても、けっして孤独でないことを意味して、音のない自然の言葉を理解できることになるかもしれません。

―沈黙―

〝自然の中の静寂は喧騒に満ちていることだ〟静かな森に立って、木の葉のせめぎ・落葉、せせらぎ、鳥の声、虫の声等々とともに、森の〝会話〟や〝にぎわい〟を、誰もが感得したことがあるはずです。厳寒の林道の中（で体験したことであるが）、静寂が周囲を覆う。時間とともに深さを重ね、幅を広げた静寂は襲いかかるように迫ってくる。吐く息を凍らせ、肌を刺す針のように痛い寒さが、周囲の静寂を凍らせる。大声を発したらバラバラになりそうに空気が張り詰める中、凍て付いた木の枝が、澄み渡った青空に毛細血管のように浮かぶ。

夜が進むにつれて静寂は重くなります。それを沈黙と言うのではないでしょうか。「沈黙」と「静寂」の差異はわかりませんが、『沈黙の世界』（マックス・ピカート著）では同じものとしています。しかし、「あらゆるものの二元性を考えるならば、空気に濃淡があり、風に強弱があり、人間に両面が存在するように、『沈黙』にも両方の顔があるはずだ。否、自然に無数の顔があり、大気に無限のものが存在するように、あらゆるものを包む

『沈黙』には無数の表情があるはずだ」と私流に解釈しています。そしてまた、近郊の森林と、密林の山奥と、宇宙彼方の沈黙との差異は歴然としていますし、一般的感覚からすると、「静寂」のほうに親しみがあり、それは〝部分的で薄く〟、「沈黙」は〝全体的で濃密〟であるように思えます。自然のいたるところであらゆるものに付き添う「沈黙」には、無数の表情があり、あらゆるものの活動を後押しする後見役でもあります。

その〝あらゆるものの存在は空である〟とする「色即是空」は「浅」、「空即是色」は「深」となる。とする般若心経にも浅いと深いの知恵があるように、思考の根源にも表情はさまざまあります。このように宇宙の沈黙は、神のみならず仏をも包含する万物の親（空）に付き添います。

『静寂の折り重なる沈黙は、その重厚な深さの中にあらゆるものを孕んでいるようだ。なにか一つ飛び出したら、今にも次々と出てきそうな気配を張らせている。カラスが鳴く。沈黙に亀裂が走る。湖の結氷が割れるような、はたまた音が過ぎた稲妻のような鋭い亀裂である。カラスがまた鳴く。亀裂が大きく広がる。止まっていた時間が進み始める。元の姿に返った沈黙は、冷気を強めて意識の隅々までも浸す。沈黙と冷気に占領された意識は、明快であるが白くボーッとなり、平常の働きを失う。しかし、白くボーッとなった意識は、宇宙との一体感を得て、研ぎ澄まされた刃物のように鋭敏となり、沈黙の中に孕む音のないざわめきを捉える。

木の枝に膨らむ芽は、凍て付く氷で覆われながらも厳寒の鍛錬に耐えている。その鍛錬は命の喧騒となり、沈黙の中に広がる。その喧騒はまさに赤ん坊の産声であり、来春を期しての歓喜の声である。

その喧騒が私の意識に襲いかかる。ボーッとした意識は確実にその喧騒を捉える。ワイワイ・ガヤガヤ・キャーキャーの集合体か、とにかく賑やかだ。視覚を失った人が、鋭敏になった聴覚と皮膚感覚をもって、物音や気配を察知するのはこのようなものではなかろうかと、不思議に思える夢のような一時であった」。

夢のような現実はこの後も二度ほど経験しましたが、意識が鋭く働いたことは事実です。そして、働きの極致が〝白くボーッとした状態〟であるということを後で知りました。

私：「沈黙とはしゃべらないことですね？」

彼：「確かに言葉が終わると沈黙は始まりますが、言葉によって始まったり終わったりするのではなくて、『沈黙はそれ自体存在するものであり、しかもそれは創造に先立ってあった永劫不変の存在である』とマックス・ピカートは書いています。さらに、〝言葉と沈黙は切り離せないもの〟というものの、時代が変わり言葉の機能が変わりつつある現在、ますます人間関係が薄れていきます」

私：「〝言葉と沈黙の関係が薄れる〟ことは、〝人間関係が薄れる〟ということになるんですか？」

彼：「精神を育成し熟成させる空間がまるでなくなるということですから、人間がそれぞれ孤立することになります」

私：「それは対話する時間がないと言うことですか？」

彼：「その通りです。落ち着いて対話をして考える時間がない。言葉本来の機能以上に、〝情報の伝達〟や〝言葉の遊戯・ゲーム〟があり、パソコンや携帯電話による人との接触のない間接会話が多くなったこと。電波に乗って言葉が音もなく行き交うところには、言葉と沈黙とは無関係です。むしろそれは、精神が沈黙の中に埋没する空の世界ですよ」

私：「どういう意味ですか？」

彼：「機械化が進むと、言葉の出番が少なくなり、意思の疎通がなくなるということです。要するに、文明は、便利な生活を与えるが、人間性を奪うということです」

第二章

自然の品等

1．品等の基準

〝地球は青々として美しい〟、その青々として美しい森林が、地球にしか存在しないことと、人類の誕生は深い関係にありました。つまり、自然なくして人類の誕生も存続もあり得なかったということです。空を飛ぶ鳥、海を泳ぐ魚、草原に集う動物、野原に遊ぶ生物等々と同じく、人間もその青々とした美しい自然から生まれた一員なのです。一員でありながら、自然を対立・敵対者として、自然を支配・改造し、挙句の果てに破壊しようとすることは、身の程知らずか、自然のことを私同様なにも知らないからです。自然の一員でありながら自然のことを何も知らないことには共生のしようもありません。つまり、〝生物と生物としての人間との関係を正しく知り、自然の仕組みと生物の地球上における役割〟を知ることが、共生の考え方には必要不可欠なことです。まずは、〝愛即知〟〝知即愛〟の思考図式を実行しなければなりません。

唯一の自然と生命体が存在する地球には、宇宙の中でも特に無限の可能性が存在します。その美しい可能性に満ちた地球を永遠に残すように努力することが、人類の役目であり、それが人類の永続に繋がることを忘れています。地球を守るのはやはり人類なのです。

自然のことを何も知らない私としては、「自然（美）の分類」などということはまことにおこがましいことですが、ごく普通の自然を歩いて感じたことを、ごく普通の知識と良識をもって、ごく普通の光景を私なりに分けてみました（色々な考え方があるかとは思いますがご容赦のほどを）。

人間は自然から計り知れない恵みを受けていますが、その恵みには、物質的なものと精神的なことがあります。そのたくさんの精神的な恵みから、〝程度の差〟を基準にして述べますと、例えば、星空のような宇宙美と野の片隅に咲く小さい花は、美しさにおいては何の変わりもない。小さい花に心引かれるという人は多数いますが、星空の与える美しさは万人のものであり、人間に与える精神的な影響は計り知れないものがあります。

私としては、「存在することはすべて美しい」・「存在することに意義がある」という考えを前提にしております。何らかの役に立っているから存在するのであり、役割を果たしているから美しく輝くのです。皆さんもご存知の食物連鎖や循環作用は、整然として冷徹のように見えますが、むしろ優しさを持った合理的なものであり、自然界には無駄なものは一つもないことを証明しています。したがって、すべてが美しいのですから自然＝自然美として扱うことになります。

すべてが美しい中で、ことに、昇陽・夕陽・夜の星空は、自然美というよりは宇宙美として格別のものがあります。滝のように降り注ぐその美しさの中では、感覚も思考もまるで入る余地はありません。まさに宇宙の計らいであるその美しさに敬虔な気持ちを抱くことは、自然を敬うことであり、自然を敬うことは宇宙の意思を敬うことになります。レオナルド・ダヴィンチ流の、〝自然から生まれた人間の手が造った文明もまた自然のもの〟という解釈を持ち出すと、その宇宙美は、物質文明社会をも自己の領域として輝きを与えます。そのときばかりは、地位や名誉やお金とは無関係にみな平等に与えるから最高の美しさになります。

〝一方的に与え続けるから美しい〟とする自然は、すべてを奪うこともありますが、それは一部であり平常は与え続けます。しかしその恵みには限度があり、その配分は物質的なものにしろ精神的なものにしろ、全体の中で決められているものなので、その配分に沿ったものしかありません。それでも親が子供を愛し続けるように、一方的に与え続けるのが自然の本質なのですが、それに対して人類は甘えてばかりいてはいけません。自然が一方的に与える「美」に対しては、人類は「愛」をもって応えなければなりません。宇宙を超える美に対する愛でもって、すなわち、永遠には永遠で応えるのは、徳を抱く人類の礼儀であり、そして人類が進むべき道だからです。それに反して、愛が薄れた物質文明社会は、悪い方へ悪い方へと進んでいるように思います。自然には悪はありません。あるのは美と道徳性のみです。

自然は美を与え続けます。それは無償の奉仕ゆえに尊く美しいのです。人間はそれから愛を育てます。芸術家は永遠の形でお披露目するのですが、一般の人が育てた愛は社会へ送ります。そして社会でさらに育まれた愛は、優しさを伴って自然へ帰されなければなりませんが、社会の循環路が破損しているのか、愛が欲望に変身します。すべてが物質化されようとしている中で、自然の循環の中に人間の役割はあるのでしょうか？　知識と創造力を駆使して、自然をよい方向へ変えていくのが人類の役目であるとすれば、欲望と感情を抑制してもっと謙虚な気持ちへ戻らなければなりません。美や愛からさらなる欲望を生むのではなく、数億年前から始まっている〝有害物を出さず地球と人類の生命を保つ酸素だけを出す〟という植物の葉の機能に学び、自然の仕組みを知り、人間をはじめ万物を構成している空中（海中）の主要元素から、地球と人類にとって有用なものを生み出すことであろう。ことに、二酸化炭素と水からの光合成という唯一の生産者である、そして最も身近にある植物の葉に、大げさに言うならば、これからの人類が生きるべき大きなヒントが隠されているような気がします。「いかに自然が貴重であるか」、そして、「いかに人間の技術が進んだからとはいえ、自然から見ればまだ赤ん坊であり、学ぶべきはこれからだ」という認識を人間は持たなければならない、ということは素人ながら強く感じます。

〝人間の精神の向上〟は、〝教育を経ての理性ある人間育成〟のほかにないと思っていましたが、自然は美のほかに、人間の精神的形成に必要なものをすべて与えているようです。

海……力（強さ）、勇気、忍耐、白砂青松（古くからの二次自然であるが）

山……優しさ（慈悲）、想像力、豊かさ、青山は静かなる美しさ

空……夢・希望・創造、雲・朝日、夕陽、星空の激動する美しさ

自然からの恵みは、物質的なものとおなじように精神的なものが限りなく大きい。人間の最終目的が精神向上にあるならば、宇宙美は大いに歓迎すべきことであり、当然自然（美）の中でも最上位にあることになります。

〝精神性〟などと幼稚な陳腐なことを言うのかと笑う人がいるかもしれませんが、よく考えてみると、やはり最も大切なことなのです。確かに、物質文明社会という大河の流れの中で、精神性を説くことは、大火事にコップ一杯の水を注ぐようなものであり、お寺の

中でキリスト教を説くようなものかもしれませんが、精神性が置き去りにされたから、物質社会が独歩を始めたことは事実です。その物質文明社会の急進に歯止めをかける必要があります。それが精神性であり、物質文明から精神文明社会に少し比重を移すことです。宇宙には引力と斥力があり、その均衡・調和があってはじめて太陽系が運用・形成されているように、地球における自然と文明、人間における精神と肉体等々と物事に二面が存在する限り、その調和が必要なのです。青々とした美しい地球を守るためには、物質的なことと精神的なこととの調和が必要なのです。地球を守るのはやはり人間なのです。その人間が金や物だけを追い求めていては地球は滅びるのです。地球だけではなく人類も滅びます。まずは地球を守らなければなりません。それは外敵からではありません。人類が人類から地球を守るのです。国家防衛などという次元ではなく、地球防衛という世界全体の問題なのです。

文化・自然遺産という世界遺産は日本にも数ヶ所ありますが、それらは多大な精神性を与えることはみな認めることです。そして、精神や生命を表現したものが文明であるように、時々の人たちが注いだ生命や精神がそこにあることを基準とするならば、身辺の小さな自然や場所にも、世界遺産に劣らないはどのものが随所にあります。その地域の風土に溶け込み、生命や精神が漂うところは、歴史的に著名な場所でなくとも、個性を発揮して社会に花開いた人のように、一流の町といえます。概してそれは、田園風景・里山風景を擁する谷戸風景に感じられることであり、そこには、〝心のふるさと〟といわれる〝ぬくもりと懐かしさ〟が満ち溢れています。

そういうごく自然の中にあって自然をよく見ると、花・鳥・魚などをはじめとして、色や模様や形など複雑できれいなものがたくさんあるように、それらは極端なものとして感じられます。

自然は不自然であり、むしろ人工的でさえある。
人工は自然的であり、むしろ自然そのものである。
自然と人工の融合は、自然を超えるものとなる。
故に、自然と人間の合作は常に最高のものとなる。

このような私的な、そしてまた、自然との共生の観点からすると、宇宙美よりも、〝庭園・露地・建築・料理・工芸品〟等々のほうへ重きをおく考えも出てきます。むしろ自然と人工の合作を最高の美とするべきかもしれませんが、自然があってはじめて人間が存在するにもかかわらず、人間をすべての中心におくのは、人間が進む方向によって地球と自然の存否が決定づけられるからです。その知能が正しい方向へ向くためには、人間性の向上を待たなければなりませんが、それへ大きく奉仕するのが自然（美）であり、宇宙（美）なのです。

社会の最終目標である「人間性の育成・向上」といえば、本来は文明社会や教育に求めなければなりませんが、宇宙へ旅立つ人類としては自然や宇宙から学ぶべきことです。

2．自然の品等

自然を品等に分類するならばその基準はなにか？

Ⅰ、品等の基準　〝あらゆることが人間のために存在する〟ならば、「人間に奉仕する度合い」ということになります。

Ⅱ、人間への奉仕　「直接的なもの（こと）」と「間接的なもの（こと）」との二通りある。

ⅰ、直接的なもの（こと）　・自然災害からの保護（山林など）

・自然からの恵み（有形無形と）

ⅱ、間接的なもの（こと）　・自然美の享受（空、海、山など）

3. 自然美の品等分類

Ⅰ、自然の景観（自然のもの）
・朝陽、夕陽、夜の星空　・四季美
・山（含ハイキングコース）・海、川、湖
Ⅱ、自然と人間との合作　・庭園　・露地　・谷戸風景（含田園、里山風景）
Ⅲ、人間のもの　・建築　・絵画　・彫刻　・料理　・工芸品等々

4. 自然美の分類

1、朝、夕陽・星空の美しさ　2、山の美しさ　3、海の美しさ
4、冬（雪）の景色　5、春の新緑　6、夏の青山（田園風景）
7、秋の紅葉　8、建築・お寺　9、庭園

10、露地・お茶　　　　　11、料理　　　　　12、工芸品等々

★朝陽、夕陽そして星空の美しさは、自然美というよりも宇宙美というべきであり、誰でもその美しさに感動した経験があるはずです。都会の真ん中で、田舎の片隅で、そして列車の窓から見るその光景は、何人にもその美を平等に与えます。

★山と海は、宇宙美や四季美の背景となるものですが、人間が直接触れ合うことによる楽しさ美しさとして、ここではハイキングコースを取り上げます。

★〝真夜中に太陽が照っている〟と禅の言葉にあることも、白雪に覆われ真っ白く輝く清く穢れのない雪景色も、言葉や尺度では言い表せない深遠の世界である。よって、冬の風景を四季美の最上位にしますが、実際上、四季の始まりは冬だからでもあります。

「冬」は、四季の、否、一年の終わりであり始まりでもある。自然は始まりが終わりであり、終わりが始まりでもある。

★建築（寺院）・庭園・露地・お茶は、一連を持った人間と自然との傑作であり、すべて人間中心主義とするならば、それは最上位に置くべきかもしれません。

書院建築→数奇屋建築→茶室→露地という、小さな空間の中に大きな精神的な世界を表

現したことは、自然を超越したと言えるし、自然の中に凝縮した生命を内包したとも言えます。世俗を離れてひと時の茶の湯を楽しむ、遠路想定の露地で育まれた造園技術と、そこへ傾注された精神は、広く一般の庭にも生きています。

第三章

朝陽の美しさ

朝陽と夕陽と夜の星空は、万人に平等に与える宇宙美であり、誰でもその美しさを見て、感動した経験があるはずです。それは、〝言葉では表現できない絶妙の美しさ〟です。前にも触れましたが、世阿弥は能の美しさを花にたとえて、それを品等した『九位』で最上位を「妙花風」と名付けています。えもいわれぬ朝陽と夕陽の美しさは、この妙花風に属するものであり、山際や水平線上ではことのほかその妙花風を発揮してくれます。

自然の光景の中には、次々と隈なく表出して、感覚（意識）に訴える動的・客観的なものと、素朴ながら癒されたり、無限に想像を拡げる静的・主観的なもの〝と大別できるような気がします。前者が朝陽や荒海の情景などであり、後者は里山風景や庭園などの情景でありましょう。

朝陽や夕陽を浴びた神秘的な光景は、名勝地でなくても、ごく平凡な場所や山並みに繰り広げられて、それに向きさえすれば、ラスキンの芸術的境地を極めることができます。そこには、美があり、感動があり、信仰があり、それは、まさに芸術であり詩であり宗教であります。

刻々と変わる昇陽の光景は、一刻一刻新たなる意識を持ってするならば、充実した一日が待っていることを示唆しているようです。昨日の延長ではなく、毎朝初心で向き合い、今を精一杯生きるという自然の教示であり、これはまた、お茶の「一期一会」や、「あらゆる瞬間は独立している」と考える禅の先導者でもあります。次々と赤裸々に移り変わる美の演出は、人間の古い意識を一枚一枚剥がしてくれます。

この朝陽・夕陽の光景を見た日には、何か得をしたような、または寿命が数年延びたような気持ちになります。それ以上の価値があるにもかかわらず、田畑を耕して収穫するように、これを商売にする人は誰もいませんが、その美しさを色々な形に変えて、思考を散りばめて、新たな美を提供している人達はおります。

『春は曙。ようよう白くなりゆく山際、少し明かりて……』

これは、夜明けの情景の妙を表現していることはいうまでもありません。明け方の、夜から朝への移り変わり、即ち、ほんの少しずつ明るくなるにつれて、周囲の情景が序々に浮かび上がってくる、その様子にはなんともいえない快感と一種の興奮を覚えます。

早朝の自然はすべての光景においてすばらしいものがあります。なぜならば、朝の自然は生き生きとして生気に満ち溢れ、新鮮な味と香りが漂うから。この自然の牛気は人間のものでもあり、この生気が薄れてくる午後には、自然も人も精彩を欠いてきます。方々から見える富士山は、朝は神々しく輝き目に飛び込んでくるが、昼には眠っているように俯いて見えます。自然は精神を映すとは関係なく、自然に触れるには早朝に限るということは、〝自然の旬は早朝である〟からです。

〝周囲が薄明るくなり始めると、その速度は速い。さらに明るさを増して、彩色豊かにまばゆいばかりの光を背負う連山の際が、鮮明に浮き上がる。手前の大木が、毛細血管のように張り巡らした枝を、赤光で染められた上空に、影絵のように浮き上がらせる。その血管の先端の延長線上には、輝きを少しずつ失せていく星とは反対に、鮮やかな色を濃くしつつ自分の領域を広げていく太陽がまぶしい〟。

少しずつ展開する昇陽のショーは、フィルムの一齣一齣のように、刻々と変化の連続性をもって進む。これは世界の自然遺産にも劣らぬ光景であることを思えば、自然遺産はどこにでも存在することになる。無料で公開しているこの感動極まりない自然遺産を見るならば、古い観念と惰性的な習慣は一掃されるはずです。疲れたときこそ早起きをして、心静かに昇陽と向きあうことです。

『……紫だちたる雲のたなびきたる。……』

〝赤裸々〟の言葉のごとく、なんの隠匿も省略もない華麗なショウは、刻々と変化をしながら進むが、その根源的・直観的な美しさは、心に響き心が躍る。反対側に目を移すと、細長い帯状の雲が、きらめきを増しつつある海上を、一つ、二つ、三つ……ゆったりと流れている。というよりは、動きのない動きで浮かんでいるといったほうがよい。色彩の調合の限りを尽くして徐々に明るくなっていく周囲に、大小の雲がいっそうの神秘性を加えている。離れたりくっついたりするその雲は、崇高な存在を意識する、厳粛な朝の儀式にふさわしい衣装となっている。

昇陽の赤光は、それぞれの雲を色づかせるが、色づいた雲には色の〝強い力〟が働き、無色には何の力も働かない。色づきの異なる雲の間には引力が働き、色づきの似た雲の間には斥力が働く。接近し過ぎるとその力は弱まるが、離れてもその力は変わらないから、その周辺の五彩の雲は不動のものとなる。動きのない色鮮やかな大小の雲は、さらなる赤光の放射を受ける。その激動の中の華麗なる静は、私たちの意識を常に清新なものに変えて、正しい方向へ導く。

太陽が高くなるにつれて、鮮やかな色づきを失せた雲は、流れを速める一方、静かな海面はきらめく領域を広げていく。ここでも光は、ミクロの世界の輝きと、静の中の華麗なる激動を披露して、〝天地との関わりを示す〟。

1．横浜港の大桟橋へ

月が輝き星空が頭上に広がる。間違いなく日の出が見られると思うと歩行が速まる。久しぶりの早朝の町並みは、新鮮に横たわる。駅前工事に立つ警備員が、「おはようございます」と元気よく通行人へ声を掛けている。行き届いた教育（挨拶）は、戸惑う人もいるようだが、まことに早朝に相応しい行為であり、今日のよき一日を暗示しているようだ。他人より挨拶を受けたのはハイキングコース以外にはまるで記憶がない。大きな「おはようございます」のその声が、地下道に響き渡り、周囲を明るくする。暗闇の中に灯りが点るように、私の心にささやかな喜びがこみあげる。

家を出て戸塚駅から関内駅までほぼ一時間、ちょうど六時である。まだ暗い街並みへ歩を進めると、少し赤みを帯びた東の空が、ビルの谷間より見え隠れする。イチョウの木が街並みを彩る日本大通りの路上が、信号の点滅で浮き沈みをする。一直線に続く路上の信号が、乱れることなく一斉に変わる。その地上を支配する光をも幾何学的に調整する文明社会が、薄暗い中目を覚まそうとしている。周囲が明るくなるにつれて人の姿が目に付く。

〝鯨の背中〟と名づけられた横浜港大桟橋は、飛鳥Ⅱを迎え静かに横たわる。茶色の木目地は、鯨の丸い背中とともに温かさが感じられる。朝露で濡れる床を踏みしめて、うきうきした気持ちを抱きながら鯨の先頭まで歩を進める。先客が数人カメラを携えて遠方を見やっている。その周辺には、思い思いの場所で昇陽を待っている人たちがいる。これほどのビューポイントを今まで知らなかったとは……！。

湾岸を切れ目なく囲む円周は一つの世界をつくる。徐々に浮き立つ光景には誰しもいささかの快感を覚えるが、すでに夜明けの空には、自己の個性を主張するかのように、種々のものが並び立つ。

ことに、ベイブリッジが、その世界を煌びやかに演出する主が現れないのに、赤みを帯びた空に明るく浮き立っている。その長い橋をアリのように連なるミニカーは、静の中にあって限りない動となる。それに誘われたかのようにあちこちで快いエンジン音が鳴り響き、湾岸の一日が動き始める。波が揺れる海上に視線を落とすと、大桟橋も大きく揺れ動く。その頃六時四五分頃であろうか、徐々に朝の儀式が幕を開けようとしている。

太陽だけだと輝きも単調なものとなる。女性が衣装をまといその美しさを引き立たせるように、女神は大小濃淡の衣装を着ける。その輝きに深さと広さを加えて、姿を現す直前からえも言われぬ神秘的な光景を披露する。寒さの中で光を受けた雲は、五彩を表に調合の限りを尽くして、周囲を艶やかなものにする。それは刻々と変転するフィルムの一齣一齣の連続である。全貌を現した女神の強さと明るさは、都会の混濁する空をものともせずに、まず周囲を染めつくして支配圏に置く。染めつくされた雲々は、宇宙の法に忠実であるとみえてまるで動きがない。支配する領域をさらに広げる女神は、己の分身を海上へ投じて、煌く波と宇宙との関わりを示す。まぶしいミクロの世界は、海中までもそのきらめきを広めて、昇陽の終わりを告げる。

振り返り反対側の湾岸に目をやると、文明の象徴たるランドマークタワーが、赤レンガ倉庫を抱えるように、林立する他のビルと立ち並ぶ。ランドマークタワーは、まさに文明の子供であり、自然の孫である。左奥には神奈川県庁とその右方には関税ビルと、新旧ビルの同居には何の違和感もないばかりか、むしろ全体的には調和を保っている。新旧の存立は文明進展の姿であり、永久の保証でもある。形状や色彩はいつかは変わるものの、永久に残るものは、そこへ注がれた精神であり生命である。良き古いものに内包される新しい面が、創造や進歩を広げ文明を築きあげる。旧いものと新しいもの、自然と文明は、人類の心身のように一体のものである。

文明の中の太陽、自然の中の太陽、働きと美しさは同等である。文明の中にあって自然は生きるし、自然の中にあって文明は輝く。自然も文明も宇宙の支配下にある。

2．港の見える丘公園へ

〈二〇〇九年十二月二日・十七日・晴れ〉

マリンタワーが見下ろす山下公園は、澱みに沈み眠るような湾岸の光景とは反対に、徐々に多くなる人々を吸い込んでいく。岸壁に浮かぶ氷川丸、その対向には大桟橋に静かに横たわる飛鳥Ⅱ、新旧客船の遠方には骨格を浮き立たせるベイブリッジが、自然と一つになり浮かぶ。上空を回転するトンビ、海上に揺れ動くカモメ、勢いよく飛び跳ねる魚、視線を地上へ移すと、歩き回るハト・カラス、せわしなく横断するセキレイ等々、小さな自然が、巨大な文明とともに一日の始動を後押しする。

輝きを失せた月が白く浮かぶ先方の上空が、昇陽の準備をしているのか、ようよう赤みを増してきた。〝人形の家〟を経て、港が見える丘公園へ歩行を速める。到着は六時二〇分頃。お年寄りが展望台に集まっている。昇陽を待っているかと思うまもなく一斉に立ち去る。目前の公園にてラジオ体操の音楽が流れる。〝昇陽とラジオ体操〟、その始動は同時である。文明の中で大きな自然と向き合って、自然のリズムで日常生活が送れるとは至福なことである。誠に羨ましい！。

あっという間に全貌を現した女神は、煌びやかな放射で周囲を己の領域として、この公園の隅々までも照り尽くす。世界の、否、宇宙の一点にもかかわらず、その放射は平等にして強力なことを見せつける。薄れた視力は太陽を捉えるが、その計り知れない強力さの中に、宇宙の神秘を見る。そして歓喜・驚異・畏敬の感情を掻き立てるその支配者の力には、芸術・宗教・科学などの根源的なものが見え隠れする。

昇陽は、私たちが思う以上の意義存在を暗示し、教示しているように思える。それは、道徳性・精神性であり究極の人間性である。その徳の上に輝くのは、人間たるゆえんの真であり、善であり、そして美である。

〈二〇〇九年十二月十三日・二〇日〉

港の見える丘公園・山下公園・みなとみらい（像の鼻）公園・新港パーク・臨港パークは、湾岸を囲む一連の世界を築いている。自然と文明が一体となった〝みなと未来〟都市は、開放感に満ちた癒しの空間にもなっている。それは、精神や生命が宿る田園風景と里山風景となんら変わるものではない。

今日十二月二〇日（晴れ）、満たされた自然条件が、まれなる光景を眼前に広げる。早朝・厳寒・休日という条件が、田舎に劣らぬ鮮明な光景を演出することに、意外性と喜びが追従する。今日の大気は、澱んだ空気を寄せつけないほど厳しく冷たい。生き生きと鮮明に映る湾岸の姿は、やはり早朝の澄んだ空気の味と香りを持つ自然のものだ。山下公園に一歩足を踏み入れた途端に、俗気と習慣が抜け落ちた一瞬でもあり、気持ちが澄み渡る。

港の見える丘公園では昇陽が始まろうとしている。ビルの背後より朱色の丸い太陽が、周囲の厚い雲を五彩に染めつくして、沈黙とともに華麗に昇り始める。冷たく澄んだ大気は、その光をいつもより強烈なものにして、周囲を嘗め尽くす。太陽が全容姿を現したとき、その方へ目を向けることができないほど強い放射が目を襲う。先日は太陽を凝視できたのであるが、澄んだ大気のせいか私たちの小さな視線さえも寄せつけない。計り知れない太陽の力をまざまざと見せつけられた思いである。昇陽を見るために来て、目前の昇陽を見つめることができないジレンマを抱きながら、研ぎ澄まされた大気の中で鮮明に輝く、湾岸や桜木町の光景へカメラを向ける。艶やかに色付いた大きな雲が、一帯を、林立するクレーンの鉄塔までも広く覆い尽くして、自然と文明が一つに調和するとき、横浜港はますます冴え渡る。そして、五彩の雲は朝の儀式に相応しい華麗な衣装の役目を終えて、太陽を己の支配する天空へ送り出す。

〝文明の中にあって自然は生きるし、自然の中にあって文明が輝く〟ことを、この横浜の〝みなとみらい〟都市（埠頭）が証明している。

3. 山下公園～臨海パークへ

支配する領域を広げて上空へ昇った女神は、分身によって海上を煌く波で満たし、ミクロの世界と宇宙との関わりを示す。

早朝のショウは、一日を暗示しており、一年の寿命を得たようなものだ。早朝の冷たい大気と、海水が清く澄むことの関係は定かではないけれども、休日と大気の相関関係は誰でも知っている。空気が澄んでいることは、人間の活動による環境の影響を浮き彫りにしたものだ。

岸辺の海底が透いて見えるほど水がきれいだ。小魚の群れが泳ぐ下を、ボラをはじめとする三〇～四〇センチ位の魚が泳いでいるのには驚いた。それは〝自然水族館のように、澄んだ海中にたくさんの魚の姿があちこちに見える。私の意外性からすると？　がつくが、この湾岸の海はきれいなのだ。自然と融合している〝像の鼻〟パークを見ると、みらい都市・横浜も明るいものとなる。

この海辺に立つと、横浜の未来が鮮やかに見えてくる。『海中遊歩道が、自然水族館が、否、海底都市が海の彼方へ広がっている。背後には横浜の象徴であるランドマークタワーが、宝の山を埋め込んで天空へ聳え立つ。他を圧倒するこのタワーも、林立するビル群の一つになろうとしているその先には、さらなる超高層ビル群が見える。ビル群はそれぞれ空中遊歩道で接続されて歩行者専用となる。本道路は、自動車と自転車専用となり、遥か郊外を見渡せば、青々とした森林と広い公園が見える。そこではたくさんの子供たちが自由に遊んでいる』。

人類はどこへ行くのか？　わからないが、考えること、仕事をすること、創造することを本質とするならば、何かをしなければ生きていけない生きものです。そして、人類はまだ未完成ですから、さらなる進化を追い求めるはずです。宇宙へ飛び立つか？　地球に留まって自然とともに生き続けるのか？　いずれにしても、正しき出発のために一歩後退して、地球と自然を見詰めてみるがよい。

第四章

夕日の美しさ

1．大丸山・円海山ハイキングコース（いっしんどう広場）の入り口

港南台駅より徒歩一〇分→港南台五丁目の港南台消防出張所
徒歩五分位→県立栄高校を経てハイキングコース入り口へ

〈二〇〇九年四月九日（木）晴れ〉

〝いっしんどう広場〟への入り口の見晴台より

この一団の緑地帯は、横浜市のみどりの七拠点のひとつに数えられ、横浜市では貴重なみどりとなっているように、奥深く懐かしい雰囲気に満ちている。

『どんよりと澱んだ空気が上空を覆っている中で、山際へ徐々に近付いていく夕陽は、自己の関わる範囲を色濃く染めていく。これまで霞んで見えなかった左方の富士山を、自己の放射で影絵のように浮き立たせる。富士と並んだ夕陽は、山際へ向かうと、鮮明な輪郭を持った朱の円となる。山際に差し掛かるとその下降の速度は速い。みるみる山に姿を消したものの、その朱の放射が周囲の映像を残す。艶やかな帯雲が富士山の中腹を囲い、一日の終わりの儀式にふさわしいアクセントになっている。やがて、富士山のかすかな残影も消えて、元のどんよりとした空が現れる』。

夢のような五分にも満たないこのショウは、自然の毎日のドラマでありますが、見えないことが多く、みんな忘れかけていることは残念なことです。朝陽で始まり夕陽で終わる華麗なショウは、〝命ある限り一日一日を精一杯生きる〟ことを示唆しているようにも、また、宇宙の支配者であることを示し、〝自然に対する敬虔な気持ちを忘れるな〟という教訓でもあるように思われます。

どんよりとした上空を見てあまり期待しなかったのであるが、これほど鮮明な夕陽を見ることができて、うれしさもひとしおです。そのうえ、その美しさを倍加したのは〝富士山の影絵〟であり、これはまったくの予想外でした。

この土地の所有者であるおじさん（A）が、畑仕事を終えて坂道を登ってくる。

私：「こんにちわ」

A：「アー、どちらから来られたかね？」

私：「戸塚です」

隅に置いた長椅子は自分たちが休むためのものらしい。

A：「休むのはいいが、ごみを捨てていく人もいるんだ」

A：「写真を撮るのもいいが、三脚を置いて一時間も二時間もいるからね」

愚痴を言う一方、

A：「あの木が伸びすぎて、夕陽が見えにくいから切らなければな」

と言う。自分たちが夕陽を見るためというよりは、夕陽を見に来る人のためと聞こえた。むしろ、正常なる来訪者は歓迎するということらしい。

横浜に再来して一年半になるが、横浜で見る夕陽は、これが初めてである。鎌倉の海岸で見た、水平線に沈む絵のような夕陽は、今でも鮮明に脳裏に蘇えるが、この〝富士山との競演〟の夕陽は、それに勝るとも劣らない。〝意外性〟から言えば、私の〝忘れえぬ光景〟の一つとなる。横浜にも、「このような場所はまだある」と思うと、嬉しさがこみ上げてくる。興奮冷めやらぬ私の前に、仕事を終えて段々畑から上ってきた、Aの奥さん（B）が現れた。

私：「お邪魔していますよ」

B：「どうぞ。夢中で仕事をしていると、夕陽も忘れていますよ」

私：「きれいですね！　こんなに美しいとは思ってもいなかった！」

Ｂ：「ほんとだ。今日はきれいだね！」
私：「来て、待った甲斐がありましたよ」
Ｂ：「夕陽は見られるし、平和だね」

〝世界的に不景気だ、失業者が多いなどといっても、戦争はないし、餓死や病気で次々と死んでいくということもないから、日本は平和だ〟と言っているのであろうが、全くその通りだ。「平和だね」（平和ボケで今の窮状を招いた皮肉ではあるまいが）という奥さんの一言で、日本に生まれて、今生きていることに感謝の念が沸いてくる。まさに奥さんの一言は、禅の高名なお坊さんの説教に匹敵する。

2．ランドマークタワーより見る夕陽

横浜ランドマークタワーは、高さ二百九十六メートルの日本一高いビルであり、もちろん横浜のシンボルであるにもかかわらず、今日まで十七年間一度も上ったことがないのは、いつでも見ることができるという、気持ちの延長を引き摺って前を素通りしていたことと、

Ｂａｙ地域に興味がそそられていたからであった。横浜大桟橋からの昇陽に魅せられて以来、今度はランドマークタワーからの夕陽を是非観たいと思い始める。

（一月二四日・日曜日）桜木町駅構内の、トラバーチンと呼ばれる石灰岩で造られてある、初代鉄道建築師であるエドモンド・モレル氏の記念碑を後にして、化石の宝庫といわれるランドマークタワーへ向かう。途中、カリ長石を含む花崗岩だ、白色の花崗岩だ、祖粒花崗岩だなどと、片手にした本を覗いた知識を、視線とともに思い巡らしている。

タワーに入りエレベーターに乗る。最初、ほんの少し〝動き〟を感じたものの、ガイドさんの一言、二言の説明の間、〝揺れ〟が全然ないことは、このエレベーターの性能の優秀さを表す。階数と連動する計器は、瞬く間に数字が回転して、六九階と四〇秒を重ねる。速度の変動による多少の動きは感じられるものの、噂通りのアッという間の出来事であった。

化石の宝を埋め込むランドマークタワーからの夕陽にはまだ時間がある。感覚を圧するほどの光景が、広い窓の下に横たわる。隙間なく地表を埋め尽くす種々さまざまの建物は、人類の面影を背負って息づいている。これより隅々までも埋め尽くそうとするのか、己の領域をまだ広げようとしている。無限なる人間の欲望を見ているわけであり、どこかで限界を設けなければなるまいが、その限界は、さらなる上空への伸長によってなされる。

地上から見るランドマークという一点、その上空から見る無数の点は、小さな一点から生まれた宇宙の、その支配下にある地球の姿でもある。

『森林、砂漠の思考』の著書が思い浮かばれ、思考方法の大きな相違と大切さを目の当たりで実証していることだ。八百数十メートルの建物ができたと聞くように、これからは一千メートル近くの超高層ビルが、次々と地上を占有することになろう。第二の文明開花期といえるが、人間はこの超高層ビルに住むことになり、建物間の連絡橋が歩道となる。道路は車専用のものとなり、通勤電車は不要なものとなり、みどり豊かな地上になるかもしれない。などと他愛ないことを想像させるほどの高さが、さらに空中へ人間を誘導する。

隠れた富士山の横のほうに、雲を少し朱に染めた夕陽が降りていく。富士を覆う大きな帯雲が、儀式の衣装として朱を濃くした夕陽をも受け容れる。強く柔らかい陽を受けた雲々は、五彩となり周囲を輝かす。地上と天空が一つに重なったとき、自然と文明は融合する。このとき、個々の美は全体の美に奉仕して、最も輝きを増す。

地上では、夕陽という一点に絞られるが、ここ上空では、圧倦的な光景の一端としてのものだから、夕陽は、迫力においてはいささか欠ける。夕陽が終わったにもかかわらず、観光客はますます多くなるのは？　と思いつつ、もう一度タワーを一周する。人工の色彩が眼下に広がる。あちらこちらで点滅した光が踊る。特に、観覧車の艶やかな色光が、緩やかに空中を散歩する。今度は、夜景を観たいものと、横浜みなとみらいへ視線をやる。

第五章

横浜の自然

1. 横浜の自然

横浜といえば、中華街・元町そして伊勢崎町に加えて、〝みなとみらい〟を中心とするBay地域であり、その象徴はランドマークタワーであり、旧くはマリンタワーである。世界に知られる、歴史・伝統ある横浜を〝表の顔〟とするならば、〝裏の顔〟は横浜の自然であり、それは市民公園に代表される。市民公園の中でも、里山風景・田園風景を擁する谷戸風景には、奥深く眠る宝のように、昔日の思いが静かに埋もれて、忘れかけていた子供心を誘い出してくれる。

横浜の自然といえば、三溪園をはじめとしてスポーツ施設のある三ツ沢公園・保土ヶ谷公園、そして、ズーラシアン動物園や金沢シーサイド等々と多彩な自然を抱えています。特に、横浜市児童公園・子供植物園周辺は特出すべきものがありますが、横浜市民であれば誰でも知るこのような著名な場所ではなく、その地域の人たちに愛されるごく小さな自然であり、なおかつ、そこの特質が出ているような光景を紹介できればと思っています。

地方へ目を移すと、たくさんの景勝地を有する広大な自然はあるが、横浜の郊外にもそれらに劣らない風景がある。市民公園に存在する横浜とは思えないような場所は、里山風景・田園風景を擁する谷戸風景であり、それは、文明の対称となる自然であり、まさに横浜の裏の顔である。

〝みどり〟は自然のすべてではないが、自然の象徴となりうる。その自然の象徴としてのみどりは、文明の先頭を走る都市においてこそ重視されなければならないのに、敬遠されがちなのは、自然を残すことや緑を作ることの認識が不足しているからでしょう。土やみどりを取り除くことが文明のように、全面コンクリートで密封するのではなく、これからは、いかに自然を残してその中に文明を創造していくか、そして文明の中にいかに自然を生かすかが課題となります。

自然と融和して何百年にもおよび、自然を保持しながら文明を築いてきた日本は素晴らしい。確かに、都市周辺では開発によって急速に自然は減少していますが、一方で、原野や離農地に植林することによって、全体的には自然を一定（六〇数％）に保持してきました。できるだけ自然を残し、森林をつくることをやってきたことは、急峻という日本の地理的状況にもよりますが、山林からの湧水を利用する農業が根底にあり、確固となったその基盤が日本を支えてきたからです。つまり、私たちの祖先は、自然の仕組みをよく知りそれと一つになり、その内に文明の花を咲かせたことです。その文明の根底にあり、今崩れかけている農業を立て直すことが、自然を護ることであり、バランスの崩れた文明を正しい方向へ導くことにもなります。

日本の自然の割合が、ブラジルやフィンランドと並び世界のトップにありながら、国民一人当たりの自然の割合は世界の最低からすると、日本の自然はやはり貴重なものとなります。その反対に、大量生産・消費に加えて、一人当たりのエネルギー消費量が膨大であるということは、文明が異常をきたしていることの表れでもあります。

2．横浜市民公園へ

梅雨は植物にとっては最高の時期です。人間が憂鬱になるのとは反対に、梅雨時における植物は生き生きとしています。雨上がりの一時、煌く雨滴を花片に乗せて、輝いている紫陽花はことのほか鮮やかです。長谷寺・明月院や成就院の紫陽花は圧巻ですが、これに対して、道端や草叢、古びた塀越しに見る小数の花のほうに、むしろ私は大きく感情が動きます。それでも、雨に輝く紫陽花が見たくて、北鎌倉へ出かけました。帰路、ハイキングコースを港南台へ出ることにしましたが、天園を経て休憩所のある三方向の岐路に立ち途惑っていた私に、道を教えてくれたある女性と同じ方向だったので、途中まで同行することにしました。鞄を背負い今時のスタンダードなスタイルでスタスタと歩く姿は、だいぶ山道に慣れているようです。

行き交うハイカーたちと、元気な声で挨拶を交わしながら、主だった場所の説明をしてくれました。いろいろと話をしながら五〇分ほど歩いたところで、

彼女：「私はこのみちを行きますので……」

と言う。標識を見ると〝瀬上市民の森〟へとある。

私　：「色々とありがとうございました。またお会いすることがあるかもしれませんね！」

彼女：「瀬上市民の森も大変よいところなので、今度来たときには是非お立ち寄りください」

と言い残して、谷戸の下り道へ姿を消した。

あれから二ヶ月ほど経った真夏のある日、港南台より森へ入り、〝いっしんどう広場〟を経て瀬上市民の森へ降りる。このとき以来、「市民公園とその魅力」を知ったことが、〝氷取沢市民の森〟、〝横浜自然観察の森〟、〝戸塚舞岡公園〟へと、行動範囲を広げることになる。

3. 横浜市の緑被率

それぞれの地域に、〝市街地〟と〝自然〟とが併存することが理想的なのでしょうが、法令を変えない限りは難しいことでしょう。都市開発が進行するにつれて、自然が減少していくことはある程度仕方がないことですが、〝最低限のみどり〟を残すように、計画的にやって欲しいものです。横浜市の緑被率を見ると、

〜二〇%　西区・鶴見区・中区・南区
二一〜三〇%　磯子区・港北区・港南区・神奈川区
三一〜三五%　青葉区・保土ヶ谷区・金沢区
三六〜四〇%　戸塚区・旭区・都筑区・瀬谷区

四〇％〜　緑区・栄区・泉区

※総量的に三〇％キープしていることは合格とすべきか？
※特例以外は〝空地の緑化〟を義務づけるべきです。
※開発（建設）者並びにその使用者の側に、〝緑化の創造〟が委ねられるわけだから、緑の大切さへの認識を深めて欲しいものです。
※個人も〝緑の増殖〟を常に頭におくことです。

〈横浜市の〝緑被率〟〉

緑の現状を量的に示す指標の一つとして緑被率があります。これは航空写真によって上空から緑の量を捉える方法で、おおよその緑の量が把握できます。

緑被率は、樹林地や耕作地、街路樹のほか個人の住宅の庭木や芝生、花壇など緑に覆われた土地の割合を求めるもので、横浜市では昭和五〇（一九七五）年からおおむね五年ごとに調査しており、次表のように推移してきました。緑被率は、地域によって大きく異なります。それぞれの地域で、緑の総量を減らさないさまざまな取り組みを進め、維持回復に努める必要があります。

［環境政策課］

第六章

市民の森散策

1．瀬上市民の森

★瀬上沢小川アニメティー

谷間に広がる風景は、昔懐かしい雰囲気に満ち溢れている。昔の田舎道を歩いているような錯覚を起こすほどの心の風景が目の前にあり、何の抵抗も無く私を自然の内へ導く。ちょっと山道へ入っただけで、横浜にもこんな懐かしい風景が残っているんだと思うと心が躍る。中央の広場には、種々の草花がさまざまな自然の姿を現し、右端を涼しげな音を立てて流れる小川に沿う道は、童心を呼び戻す。人は自然の内ではいつも子供である。小川の対岸の随所に、最後の輝きを放ち艶やかに咲く紫陽花が、あちこちで開花の競演をしている。小川の淵に咲く紫の可愛い露草が、せせらぎに呼応するかのように、朝露を葉上に乗せてキラキラ光る。その露草のそばに咲く小さな可愛らしい白い花と黄色い花が、この素朴な小川を晴れやかにしている。自然の儀式には花はつきものである。処々に見える露出した岩肌を舐めるようにして落ちる水流が、その小川へ注ぐ。その涼しげな水流と紫陽花の群れが、暑そうにしている私をその小川へ誘う。石段を降りてそっと水に触れる。

瀬上沢・大丸台

予想通りの冷たいその水で手と顔を洗い、清らかな気持ちで自然に対して敬意を表するとともに、この場所との巡り合いに感謝する。

せせらぎと谷間を覆う蝉の声を聞きながら、田舎そのものの道を歩くことの喜びと、一方、〝みなと未来の新港埠頭〟に立ったときを思えば、現実の落差の大きさに驚く。落差ということではなく、〝文明と自然の対比〟ということになるが、これが社会の進化の姿である。昔ながらの懐かしい風景が、永久に残るかどうかは知らないが、残す努力は続けなければならない。懐かしいこのような里山風景は、有名な観光地や名所地にも劣らぬほどの価値があるから、後代に伝える義務がある。そして、「文明と自然は対立するものではなく共存するものだ」と、みんなが言い続けることができることを信じたい。

静寂の中の喧騒　　喧騒の中の静寂

苔むした石や岩の間を流れる水上を、蜉蝣が二匹、数時間の命を楽しむのか、蝶とともに舞を披露する。絶え間なく鳴き続ける蝉と蜉蝣、はかない命ながら力強く精一杯生きている。この谷戸も小川も生の営みがたけなわのようだ。

〝湿地の調査・管理作業中⟶この水辺は生きもののための「冬みず田んぼ」です〟。『瀬上沢の遊歩道沿いはすべて、「谷戸田」と呼ばれる水田で、多くの生きものも暮らしていました。この水辺は生きもののため田んぼを再生した「不耕起田」です。冬も水を落とさず、耕さず、農薬も化学肥料も使えません。人と自然の上手な関わりが生きものの暮らしの場となる、そんな環境を取り戻したいと考えています。

瀬上の森パートナーシップ（ＳＭＰ）』

看板とその説明が目を引く。その前の『横浜双葉小学校　瀬上自然教室』にも興味を覚える。

少し進むと〝トンボ池〟がある。

トンボ池

さまざまな生き物が住める環境をつくるため、瀬上谷戸に水田と湿原を復元しました。

ヘイケボタル・トンボがいます。

日常生活で失いかけた懐かしい風景に囲まれ、子供心が、湧水のように次々と湧いてくる。心残りを後にして、〝池の下広場〟に着く。奥まった湧水の落下の場所にコップが置いてある。心遣いをうれしく思うが、自然に対するマナー違反のような気がして、手で掬い口に流す。冷たい感触が喉もとを駆け抜け、懐かしさで緩んだ神経を引き締める。

長雨の後のせいか、〝池の下休憩所〟の周辺は、立派な湿地帯となり歩行できないほどである。このような湿原も放置しておくといつかは消えてしまうと聞く。自然は自然を浸蝕し破壊していることだ。自然を護るということは、「そのままそっとしておくのではなく、人の手を加えること」であることを知ったときに、『自然らしい自然の場所に人の影が見える・自然は常に変動するものであり、それを維持するのは人である』。と実感したことである。

しかし、自然が常に変わっているとすれば、自然の〝真の姿〟・理想の姿、あるいはまた、〝普遍的な姿〟ということも当然あり得ない。とすれば、〝自然の正しい姿〟とはなんであろうか？　それは、〝常に変わるものである〟としか言いようがない。

谷戸を覆い尽くす蝉時雨の中、そのような考えを巡らしているとき、瀬上の池の方から、大きな声で会話を交わしながら下りてくる人達がいる。若者四人がそれぞれの手に釣竿を持ち、バイクに乗りあっという間に立ち去る。私の意外性からするとこの場面もそうである。

★瀬上の池

濁った水面をヤゴが小さな波紋をつくり泳ぎ回る。その波紋が、水面に映る白雲と樹々の枝葉とともに、秋の気配を乗せる優しい風によって細かく揺れる。この時のこの池は、私の所有物のように、後からついてくる自分の足音以外には人気はまるで無い。

池の浅瀬に群生している蓮の周りを、オタマジャクシの群れが駆け回る。自分が一歩動けば、オタマジャクシも底を濁していっせいに動き出す。自分が止まると止まる。自分が動くと動く。自然が限りなく続くように、私とオタマジャクシとの遊びも限りなく続く。狂い咲きの一輪の花の上に止まる赤トンボに、そーっと近付くと、隣の草むらから、ビックリした様子でオニヤンマが飛び立つ。少し進むと、バッタが飛び跳ねチョウが舞う。水溜りに、黒アゲハチョウが神経質そうに羽を震わせて休んでいる。……小さな自然はここでも忙しい。

水辺へ戻り池をよく見ると、蓮の群生の周りには、たくさんの巻貝が散在している。巻貝だろうか、微動だにしないが、足が見えているところからすると生きているのは確かだ。ヤゴは水面を渡り波紋をつくる。こちらが一歩動くと、底を濁らせいっせいに駆け出すオタマジャクシ。水面に映る枝葉は揺れて白雲は乱れる。水面も澄んだり乱れたりの繰り返しだ。

自然の限りない単純な繰り返しの中で、自分とオタマジャクシの遊びを終わらせて立ち去る道に、二匹のアゲハチョウが、帆のように羽を立てて休んでいる。通るのに気が引けたが、わきをそーっとぬける。急に羊歯《シダ》が多くなった階段道を上り、尾根道に出る。

〈十一月初旬前後〉

さらに二ヶ月ほど過ぎた十一月前後、今度は県立・栄高校の側道より、地図を片手に谷戸を通り森へ入るが、未知の世界への散策はいつも胸が躍る。この瀬上沢アメニティーを歩くのはこれで三度目であるが、心和む懐かしい風景の中に、歩くたびに新たなる感動を受ける。子供の頃からの原風景への憧れは、本来人の心は単純素朴なものであることの証であろうか？

雑草地を二分するススキとセイタカアワダチソウの群生が、穂を靡かせてわが世を謳歌している。この両群の生える雑草地は奥の谷戸まで続き、小川に沿っての道とともに、里山風景の趣を増幅している。岸壁からの細い流れが、岩肌を優しく舐めるようにして小川へ注ぐ。そういう小さい流れがたくさん集まり大きな川となるように、ここには小さい気持ちがたくさん集まり、素敵な風景となっていることだ。懐かしい素朴さの中に、小さい親切が溶け込み、この谷戸独自の雰囲気をつくっていることだ。

風のささやきによって、いっせいに向きを変えるススキ、まだ木のように伸びようとしているセイタカアワダチソウは、細い茎を揺らして、その本性を嘆いているようだ。私が最も好むこの谷戸風景は、夏とは趣をガラリと変えて、天空へ広がる樹々は、種々の浅い色付きを披露しているが、せせらぎだけは変わらずに優しく心に響く。ススキの群生も終わり、白い小さい花をつけたフジバカマが無数に低地に広がる。谷戸の右折地にある〝なかよし田んぼ〟に、まばらに伸びた小さい稲穂が、冬の気配を乗せた風と戯れる。そのそばのいつも陽の当たる場所には、スギの子・タンポポ・フジバカマ・ヨメナ（ノギク）・ヒメジョオン・ツユ草、そしてコケ等々が咲き乱れて、この部分だけが季節のない未分の空間を創っている。

小さい白い花が埋め尽くす湿地帯に架かる橋を渡り、〝みんな池〟から〝池の下広場〟へ向かう。冬の訪れを待ち受けるかのように、流れ落ちる湧水の音が、片隅のほうから冷たく響く。一方、反対の崖から、大きく口を開けた暗い穴から流れ落ちる湧水は、そばで咲き競う白と赤の椿を応援するかのように、音の響きは暖かい。動きもなく音もなく沈黙そのもののような谷戸ではあるが、この休憩所には自然の躍動が存在する。

どんよりと曇り、そのうえ風がまるでない。眠るような森の中で、瀬上池も沈黙の中に沈んでいるが、背後の樹木だけは紅葉を現して、時間の経過を示す。濁った水面には落ち葉が浮遊し、岸辺には水草が伸びて、瀬上池は、夏の勢いある若き様相とはまるで違う。老いぼれた感じは痛ましくさえあるが、そこには、戦い抜いた満足と猛々しさを秘めている。それは人間の本質とも言える。人を寄せ付けないその荒涼とした冷たさの背後には、冬の影が漂う。自然は終わりを迎えようとしている中に、同時に始まりを含む。そんな中で、子供が釣竿を垂れて遊んでいるところだけは、暖かさが流れる。

人と鳥の声が、谷戸と森が沈む沈黙を寸断する。やがて元に返った沈黙は、私たちを原初へ引きずり込む。池より谷戸の奥へ進むと、荘厳な雰囲気が沈黙を深める。〝漆窪休憩所〟である。目前の階段を上り、〝大丸台広場〟の名前のように広い草原を進み、さらに階段を上ると尾根道である（後で知ったのであるが、一方、漆窪休憩所よりまっすぐ湿原を進むと、急な上り坂となる。この急坂が、ハイキングコースの中でも、一、二を争うほどの険しくきつい所だと）。

寒々とした雰囲気を放つ中を、小さい流れが走る〝大丸台広場〟は、きれいに刈上げられている。谷戸と尾根との中間に位置するこの広場は、紅葉の濃淡をよく示す。日差しも寒さも強いせいか、上へ行くほど樹々の紅葉は濃く美しいが、谷戸にはまだ紅葉は見られない。尾根を目指して、「此処も少しきついな！」と息を切らしながら階段を上ると、休んでいる方がおられる。私も一息入れると、杉林が一直線に視線を天空へ導き、山の深さを示唆する。

〈春……四月下旬〉

栄高等学校の側道を下ると、青々と色付きを鮮明にした樹々を抱く山々が迫ってくる。他とは違う自己の色を微妙に示し、自己を主張していることは、花の最盛期が終わり、樹々の時季が訪れようとしていることだ。間断なく続く命の移行は、自然にとって毎日が運動会だ。しかし、上空の雲には、青々とした沈黙の山々に呼応するかのようにまるで動きがない。

〝瀬上沢小川アメニティー〟を通るのは四、五回になるが、飽きることはない。早々に伸びた雑草の陰に隠れているオオイヌノフグリ、タンポポ、ヒメジョオン（?ハルジョオン）の花が色を競う。杉の子が、雑草の中でカラスエンドウと成長を競っている。岸辺に、野原に、田畑の畦道にと至る所に咲くタンポポは、太陽の象徴ともいうべき花にふさわしい。痛々しい去年の姿のヨシが、新しい生命と同居している。絶え間ない鶯の啼き声が、春風に乗って晴れやかに響き、せせらぎは優しく流れる。その向こう岸一面に雪ノ下が密生し、シャガがあの不思議な美しさの花を水上に突き出している。一つ咲く蛇イチゴの黄色い花は、けっして華麗なシャガに見劣りしない。息吹の序典は今がたけなわか。

〝なかよし池〟や〝みんな池〟もきれいに整備されて、モーターで汲み上げた水が張られている。水が隅々までも流れるように、人の努力がいきわたるところには、自然のぬくもりがある。

〝池の下広場〟より、急な坂道を上り〝道場丸広場〟へ向かう。上る一方はきついが、未知への散策はなかなか楽しい。シダ類が多くなり、雪ノ下が密生している場所もある。去年の名残である枯葉が多く、上へ進むにつれて一帯を覆うようになる。フンワリした暖かい感触を得ながら狭い平地に至る。道場のように円い休憩所で、ハイキングコースへの（入り口の）尾根道が真上に見えることからすると、此処は尾根と谷戸の中間地なのだ。まったく思いがけないことに、若き子育てママさんが三人、幼児を傍らにお弁当を食べていることには驚いた。意外性からすると、私の「忘れ得ぬ人々」の一つに加わる。子育てママさんたちと、一言二言言葉を交わす。

引き返す下り道に、子育てママさんの乳母車の存在が、?·とともについてくるが、〝道場丸広場〟へ行く別のルートがあるだろう、と思いつつ歩行を進めると、いつの間にか現れた細い湧水の流れが、可愛い音を立てて元の下広場まで私に同行する。

今度は反対側の急坂を上り尾根道を目指す。上るにつれて、静寂に深さと幅が加わり、人気をまるで感じないまま尾根道に出る。〝馬頭の丘休憩所〟の椅子に腰を下ろす。まだ冬の眠りから覚めやらぬ笹に、ヒメジョオンが声を掛け、ニョウがそばで囁くかのように、優しい春風で揺れる。長椅子に仰向けになり帽子を顔に載せると、顕微鏡を覗いているように、帽子の穴から木の枝葉が見える。その先方には青空が広がる。私たちが個々に見ている世界は、宇宙感覚からするならば、まさにこの帽子の穴から見る程度のものだ。そのうえ、場所や位置を変えることにより様子はガラリと変わる。自分の立場からほんの一部分をみているだけに過ぎないのだから、私たちは、立場や価値観の違う相手方をよく理解することが必要だ。人の心を読みとることが難解なように、常に変わる自然を見尽くすことなど至難の業だ。しかし、いかなる小さな自然であれ、私たちと同じように、あの大宇宙へ連なっている。そんなことを連想する休憩所を後にして、歩を進めて見晴台に立つと、住家の屋根が一面に広がり、あたかもその屋根が盛り上がった地表のようだ。

2．氷取沢市民の森

〈夏……いっしんどう広場へ〉

港南台消防出張所の側道より、円海山ハイキングコースの出発点であり、鎌倉からのハイキングコースの終点でもある〝いっしんどう広場〟へ向かう。暗い林へ導かれるが間もなく前方が開ける。不用意に見ては見落としてしまいそうな畑の片隅に、華麗な白百合が、前方の森を見渡すように大きく開いている。「思いがけない所に……」とは畑の主に失礼ではあるが、「たぶん当人は、この艶やかな百合の花をそばに観て、青山を眺めながら毎日畑仕事をしていることでしょう」と思えば、贅沢の極みである。幼稚園の農園のあるところより、なだらかな起伏ある青い山々が目前に広がる。深呼吸を誘うほど心地よい風が吹きすぎる。

私たちは、日常生活において水や電気を一時でも使用できなくなると、いかに不便かを知っているが、直接命に影響するにもかかわらず、空気というものを意識することはない。自然に対するように、空気に対しても観念的に頭にあるだけだから、ごみを捨て空気を汚すことをあまり気にしないのかと思いつつ、目前の案内板を頼りに山をよく見ると、ちっぽけな瀬上池を囲む森は青々と深くて広い。その瀬上池の上空は、ボーッと白く水蒸気が立ち昇り、「森と川と海は一つ」に加えて、空との関わりをも示す。昔の人は、〝自然の仕組み〟をよく知っていたというように、それは、自然との長い間の闘いの中から得た知識であり知恵である。自然の仕組みを知らなければ、それへの対処法もわからないし、いま問題の〝環境問題〟への認識も深まらない。

愚考を抱きつつ歩を進めて、ハイキングコースの入り口に着く。露草や昼顔やタンポポが明るく咲く、見晴らしのよいところだ。〝いっしんどう広場〟から、〝瀬上市民の森〟と〝氷取沢市民の森〟の境界の尾根道を五分ほど歩くと、最初の大きな案内板がある。そこで分かれる左の道を下ると、氷取沢公園が谷戸の中で静かに眠る。

〈夏〉私にとっては、これよりまた未知の世界となり、不安と期待が往来する。森へ足を踏み入れるや、木の根が縦横に張り巡らして起伏が激しい。鎌倉のハイキングコースを想起させるが、まもなく整備された長い階段となる。〝大岡川の源流域〟の標識のある所より、小さい流れとともに、急勾配の下り坂が続く。下るばかりの山道は、原初的な雰囲気を増幅しながら、さらに階段を下る。終わりかと思えばまた下る。

氷取沢市民の森・ほたるの里

シダ類やアオキやササ葉が道端に並び、杉やミズキに覆われる平坦地となるが、今までとは雰囲気を異にする。処々の人手の加わった階段以外は、奥深いジャングルの感じを呈する。絶えることのない蝉の啼き声と小川のせせらぎが、静寂をバックに自然の音楽を奏でる。「なく」ことは原初の儀式であり、詩のはじまりであるように、喧騒の中に哀歓が漂うそれは酣だ。

「マムシ・アオダイショウ・ヤマカガシ・シマヘビ……蛇がいる森は、それだけ生きものがたくさんいる豊かな森といえます」。

立看板を通過すると、大岡川の源流が現れて、同行してきた小さい流れがそこに合流する。その前の湿地帯には、露草をはじめ種々の草が密生してゲンジボタルの生息地になっている。やや成長した大岡川の源流は、広い湿地帯に掛かる苔むした木橋と平行する。

★氷取沢小川アメニティー

ゆったりとした気持ちを引き出すこの年老いた木橋は、せせらぎとともに私を〝大谷戸広場〟へ導く。二〇〇メートルほど続くこの歩道は、周りの風景に溶け込んで、この広場全体を庭園風にしている。深い谷戸の上空は、青々とした樹々が強風にあおられ唸りを上げているが、ここにはそれらが微動だにしない静寂がある。谷戸は、静と動が明確に分かれる二極世界の空間でもある。

★おおやと広場

『茅葺の庵に住んでいるが、
　天が屋根、裏山が垣根、海が庭である。』（夢窓疎石の詩）

これほどの壮大な境地には至らないが、明るく開けた青々と広く深い〝おおやと広場〟は、「屋根は青空、垣根は青山、庭はおおやと広場」として、一時の間でも自分の心のお家にできるならば、古人の思いに一歩近づいたことになる。

自然の一部を自分の心のお家にできる人は、〝外形よりも内容〟であり、〝虚栄よりも充実〟であることを身につけた立派な人たちであろう。現在住んでいる立派な家を、真の我が家と思い、永久の住家と思っているのは当然なことではあるが、それを、〝HOUSEではなくHOME〟であるという認識を強くもつ人は少ない。年を重ねて自分の墓を捜し求める人達は、今住んでいるその立派な家が、〝仮住居〟であることに気づくはずだ。そのとき自然をいとおしみ、「いかなる立派なお墓も、この壮大な自然には及ばない」と悟ることだろう。〝自然は永遠なる我が家である〟。

休憩所の椅子に腰をおろす。蝉の啼き声と車の騒音が、今この深い谷戸を覆っているが、夜には想像もつかないほどの深くて濃い沈黙が訪れるはずだ。蝉に負けずに、蝶やトンボやバッタも草原を忙しく飛び回り、夏も駆け足だ。飛び回っていた黒アゲハチョウと白いモンシロチョウと、さらに小さいチョウを合わせて七～八匹がほんの小さい水溜りに申し合わせたように群れ集い、閉じた羽を船の帆のように並べ立て、仲間同士の挨拶をしているのか。時々羽ばたきをして言葉を交わしているのか。

すぐ前の、大岡川源流の両岸に群生している紫陽花が、いまだに花を競っている。浅い平らな川底を舐めるように流れる水域に続いて、水流がゆったりとした深み（深いところ）となる。その川辺に立つと、小さい魚群が、底の朽葉を揺らしてあわてて動き出す。やがてゆっくりと泳ぐ。水面ではヤゴが走り回り、その下ではザリガニがうごめき、貝が処々に見える。ここでも小さい自然の夏は、秋に向かってゆっくりと進む。秋はすぐ目の前だ。

我が家を去る名残惜しさを抱いて、〝うばのふところ広場〟を経て、梅の花が美しいという〝おおやと休憩所〟を後にする。

〈秋〉冬を背後に感じるものの、森は季節に反応していないようだ。夏とあまり様相の変わらぬ下り道を、二度目という気持ちに余裕を持ちながら一気に下る。谷戸は、気温の変化が少なく寒さが足りないのか、濃く色づいた木はまだ見当たらない。夏の季節が急であるのとは反対に、樹々の色彩はゆっくりと進む。時に、秋を運ぶ風が、上空の樹々の枝を揺らし、紅葉を催促しているようだ。大岡川源流の流れと歩道橋の出発点である氷取沢小川アメニティーは、調和のとれた空間が心を癒してくれる。清らかな水の流れる岩底が、平らな浅瀬の部分と窪んだ深い部分とが交互に表れて、せせらぎに変化とスピードを与える。途中、糸のような流れを受けて川幅を徐々に広げていくが、せせらぎは私の足音をリズミカルにする。適度な明るさと広さの天空の下、草木の配置と拡がり、庭園的雰囲気の水路とせせらぎ、全ての個々がひとつの調和ある全体（世界）を創る。〝瀬上小川アメニティー〟が、昔懐かしい田園風景の原初的な姿であるならば、此処は、人と調和のとれた自然が融合した癒しの谷戸であり、いずれも、大きな精神性を私たちに与えてくれる。

大きなリスがあわてて木の上に駆け登り、枯葉を落とす。静かにジッと見ていると、リスは、私が危害を加えないことを察知したのか、グェグェと奇声を発し、四つん這いに踏ん張りながら、木の幹まで下りてくる。冬支度の準備とみえて、食料探しのために薮中へ消える。〝おおやと広場〟前の大岡川は、いつも子供心を呼び戻す。底の岩肌を写す澄んだ水中を、白い小魚群が黒い朽葉の上を泳ぎ回っている。浅瀬ではキセキレイがしきりと尻尾を動かし、そのうち糞を落としてさっと飛び去る。美女が放屁をするようなものであり、きれいなものは全てきれいに見えるものか？　此処では、大人も子供心に還り時間が止まっている。

★氷取沢農業専用地区

未知の世界を歩くことは、些細なことにも心が惹かれるものだ。天気のように晴れやかな気持ちで歩を進めると、明るく開けた目前の懐かしい情景と雰囲気が襲ってくる。長く続くビニールハウスと畑作業の風景は、北海道なら至る所で見られるが、今ではこれほどの規模のものは横浜では見ることができない。色々と植えてある野菜畑の道端には、ひまわりが咲き誇り、次なる花のコスモスが、ズラリと並び待機している。折々の花を楽しみながら野菜つくりに励んでいることは、美味しい野菜をつくる証明のような気がする。

子供の頃には、海や山や野原で遊び回ったものの、花にも野菜にも特別興味を持ったことはない。しかし、我が家の狭い畑の収穫時には、ジャガイモ・人参・大根などの堀上げを手伝い、大根は上手に掘れなかったこと、土だらけの大根が、井戸水で洗って真っ白くなったことの印象は、今でも鮮明に蘇ってくる。そして、畑の傍らに咲くシロツメグサのボールのような花を摘んで、首飾りにと長く組み編んだ記憶はある。土と花と楽しく接した唯一の小さな思い出が、花を通して自然への興味を膨らませたのであろうか。

花に興味を持ったのは、荒地に立ったとき、紫の可憐な花を咲かせている清楚なスミレを引き抜いて、コップに挿して眺めたときからである。手にとって見ると花は実に美しい。これまでは、離れて見て「花は美しいな」という程度の平面的なものであったが、目の前にすると、その認識も拡がりと深さを持って感動に変わる。まもなく、〝美しい〟という気持ちを飛び越して、「なぜこんなに美しいの、なぜ？　なぜ？　なぜ？」と疑問符が踊り出す。

トマトに大いなる興味を抱いたのは、『普通のトマトの種から、一株に一万数千個の実のなる巨木を育てた人がいる』と、ある本で読んだことから始まる。さらに、隣家のおじさんが、『一本の苗から無数の苗が育ち、それらからもトマトができるよ』と言ったことから始まる。これは、十分な光・水・肥料、根の成長を邪魔しない場所と土壌、倒れないように支えとなる支柱等々、トマトが安心できる環境を与えると可能だという。トマトには、生命力の強さなのか繁殖力の旺盛さなのかはわからないが、普通以上の能力は確かに存在する。実際、自分でトマトを栽培して納得したことであるが、〝成長した茎枝を切って、土中にそれを差し込む〟だけで、それはみるみる成長を遂げて、まもなく小さい実をつけ始めた。一株から無数の苗が得られる能力からすると、トマトが巨木になった能力となんらかの関係があるように思える。

人間に潜在能力があるように、植物にもそれは存在するものとして、〝これまでの固定観念を追い払い、そして、これまでの方法や様式を無視する〟ならば、まるで違う植生が現れるかもしれない。ピーマンやナスやキュウリなども、りんごのように大きな木になる可能性も考えられる。先日、アーチ状に這わせた蔓にぶら下がっているスイカをテレビで見たのであるが、ちょっとやり方を変えただけで、全く均一な大きさのスイカが実るということです。これなんかはまさに、現代の社会の様相を象徴する典型的なことです。スイカだけでなく、店頭に並ぶあらゆるものが均一化される。これが大量生産・消費時代の究極の姿です。平均をはみ出したものは除外される。大きい・小さい・太い・細いものは、味がなにも変わらないのに見た目で除外される。まさに、見た目で憶測し判断する、内容よりも外見で優先する、バランスの欠けた怖い社会を象徴しているようです。

人も同じように見えてならない。考えまでも均一化しようとするわけではあるまいが、個性の強い子を除外しようというのか。今は、大人の世界がそのまま子供の世界だ。子供の〝いじめ〟の構図も大人の反映だ。大人と子供の境界がない社会である。

トマトのような環境・条件が揃えば、つまり、〝のびのびと遊べる自然〟と〝安心して勉強できる家庭〟と、〝子供を支える先生が教育に専念できる学校〟であれば、子供の能力や個性を引き出すことは容易であろう。

彼：「これからの子供には、基礎知識は勿論必要だが、それ以上に〝創造力〟が要求されます。なぜならば、知識・良識や情報はすべてパソコンから得られるが、創造することはパソコンはできない。パソコンは考えて新しいことを生み出すことはできないよ」

私：「豊富な知識がなければ、創造力は湧かないのでは？」

彼：「創造力には二通りあって、それもピンからキリまであります。一つは、既存のもの（古いもの）を基にして新しいものをつくること、もう一つはまるで新しいものを生み出すことです。それは、日常生活においてのアイデアとか一寸した工夫から、宇宙創造までもいうのですが、未知の世界での真実の発見や、創造力の賜物である発明には、豊富な知識・良識、研究、努力等が必要であることはいうまでもありません」

私：「今は、考えなくても必要なものはなんでもありますね？」

彼：「そうなんですよ。たくさんあるものの中から選ぶとよいから考えることもない。試験・買い物・遊び等々すべては選択式だ。複雑な現代社会においては、瞬時の適確な判断による選択は欠かせないが、決して創造力は養われない。要するに、文明社会は、人間にとっては受動的であり、能動的にはなれないことです」

私：「先日、無人島でいかに生きていけるか？　とテレビでやっていましたが、色々な工夫とアイデアありました。まさに、発明は必要の母であることを再認識しました」

彼：「しかし、原始時代には戻れないからね。考えることを習慣づけるためにも、テーマを決めて日常生活を送ればよい。例えば、〝ゴミを減らす〟には？　〝緑を増やす〟には？　常に頭に置くと、自分なりの工夫や方法ができ考えが広がるものです。個（自分）を考えることは他（社会）を考えることでもあります」

私：「創意工夫を凝らして〝ものをつくる〟ことによって、文明社会が築かれたのですね？」

彼：「文明は、自然から発して農業を原点にしているのです。農業における〝土づくり〟だけでも、庭園や料理や工芸品等々と同じように、芸術的だと私は思っているのですが、ものづくりという観点から農業を見直す必要はあります。欲望を満たすか精神を膨らませるかという、物質と精神の大きな違いはあるが、自然を相手にすることには変わらない」

★なばな休憩所へ

周囲に木が植えられてある単なる草原であるが、人がいないから私にとっては最適な場所となる。片隅の長椅子に腰を下ろして、横浜横須賀道路の釜利谷インターナェンジを眼下に、夏の青山が前方に広がる。おにぎりを頬張りながら、自然と社会の騒音を代表する蝉と車の音が響く中で、青空を駆け抜ける高速道路に視線が走る。目の前に浮かぶ空を走る車が、未来都市を暗示しているようだ。

遠方への注視の拘りか、ほんの四、五メートルしか離れていない、目の前の畑で黙々と働いている人たちにまったく気づかなかった。モンペに脚絆に足袋と、頭は日除けで覆っていたが、その懐かしい清楚な姿に昔を思い出す。私の一番上の姉が、田畑作業をする際のスタイルがまさにこれだった。少し離れたところで、若い女性と年配の男性が黙々と作業をしている。寸分の時間を惜しむような雰囲気の中で、沸き起こる懐かしさをもって声を掛けてみる。こちらを向いたときには、意外な若さと美貌に驚いた。

私　：「〝なばな〟は名前ですか？」
女性：「ハイ地名です」

私　：「どんな意味ですか？」
女性：「菜の花畑の変形のようですよ」
私　：「一本道だと思ったのですが、この下の道に出てあの急坂を登ることになりました！」
彼女：「ゴルフ練習所からの分かれ道が、その目の前の道に続いていますよ。その目の前の道を境に、こちらが磯子区、そちらが金沢区なんですよ」
私　：「そうなんですか。一歩踏み込むと磯子区ですか、なんか巨人になったような気分ですかな……。ところで〝大谷戸〟はどちらですか？」
彼女：「右へ進み、山道を下るとすぐです。一〇分もかかりませんよ」
私　：「お忙しいところ、ありがとうございました」

ごく平凡な会話を終えて山道へ入る。思いがけない場所で、思いがけない人たちに出会ったことが、薄暗い森を明るくしている。

国木田独歩の『忘れ得ぬ人々』ではないけれども、どこかで見たなんともない人物や風景が、ふっと浮かんできて忘れることができないことがある。島の段々畑で動く人の姿、浜辺で網を引く年老いた漁師、孤島で働く若き女性、人気の感じられない灯台、雪で埋もれた風車小屋などは、旅先での思い出多き中でも、真っ先に頭に浮かんでくるのはなぜだろうか？〝意外性である〟ことからすると、この場面もそうであり、私の〝忘れ得ぬ人々〟がまた一つ増えたことです。

起伏の激しい七曲の山道を下る。木で造作された道は、苔が生えて所々朽ちかけているが、むしろ、自然にふさわしい趣が備わっている。途中から優しいせせらぎが同行するが、下るにつれてそれは幅を広げて川となり、光とともに天地に関わる。

なばな休憩所からの山道を下り終えた所で、左のやや上り坂の舗装道路を進むと、〝ほたるの里〟である。小川と並行する真っ直ぐな並木道は、ほんの一五〇メートルほどであるが、最も心休まる道であり、私の好む場所の一つでもある。

★ほたるの里（秋）

この〝ほたるの里〟は、人のぬくもりを感ずる癒し空間であり、懐かしい風景である。砂利の小道、小さな木々、清らかな小川、要所に置かれた石等々により構成されてある、凝縮された小さなその空間が、ゆったりと歩を進めるにつれて、大きく広がり心を包む。

青空と森に囲われた、この細い並木の紅葉がほどよく色づき、小さい秋を演出しているが、心の癒しは大きい。寒さを加えた小川は、研ぎ澄ました刀剣のように、清らかさを増している。岸に追いやられた朽葉は、いつの日にかを期して清流に沈む。小さな場所だが、此処には大きな秋がある。

それぞれの個性の表現である紅葉は、自然から贈られる最後の美である。この短い一本道から秋と自然の終焉を見るものの、その背後には始まりが控えている。

〝この小川は自然的に創られた「セキ」〟とある説明に驚いた。「自ら然る」べき自然のままの様相は、つくる人の業が、自然よりもより自然にしているのか、と感嘆すると同時に、誰の書いた本であったか思い出せないが、桑山左近（千利休の長男の弟子で茶道で有名な人。紀州和歌山の大名・桑山重晴の子で、造庭にも見識があった人）という人が頭に浮かぶ。あるとき彼が、立派な石を手に入れて露地に据えた。ところが、茶会に招いた客から、

客　：「露地の石の据え工合がまことにみごとである」

と賞賛された。

左近：「人目に立つような石の置き方、人の意識に掛かるような石の置き方はほんものではない」

と言って、左近は、その石を目立たぬように据え直したという。さらに、

左近：「露地に入ってきたときは、意識に掛かるなにものもなくスーッと入ってきて、しかも心の奥になにかがふっと浮かび上る、それがなんであるかわからぬが、いつのまにか、そのなにかが深い感動を引き起こす、そういう石の置き方がほんとうではないかと思う」

と言う。

人の手を加えてあるが、それをまるで感じさせないこの道は、〝自然そのものである〟という点においては、有名な露地庭園や、左近ゆかりの慈光院庭園に近いものとなる。〝人と自然との融合美は、すべての上位にある〟。そして、〝癒されるということは、注ぎ込まれた人の心がその背後にあるからです〟。

この「ほたるの里」の並木道の先にトンネルがある。そのトンネルを抜けると遊水池に突き当たる。黄色いセイタカアワダチソウと銀白色のススキが、スズメの群れとともに、

荒れた遊水池を田園風景のように引き立てている。さらに、遊水地のわきのもう一つのトンネルを抜けると、「金沢自然公園」の〝シダの谷〟に出る。金沢自然公園は遠い所であったが、この道を知ってからは非常に近いものとなる。

★春の〝おおやと広場〟へ

シダ類やアオキが新たな命を吹き込んだ下り道を進むにつれて、自然に深さが加わる。大岡川源流の流れと歩むのも大きな楽しみだ。いつの間に架け替えられたのか、新たな遊歩道は、自然中ではまだ不自然ではあるが、時間の流れとともに自然に溶け込む。自然がむしろ不自然なように、不自然が自然となり、いつか枯れ木が命を得るように、無から有が生まれるのです。何事においてもそうであるが、人と自然が互いに歩み寄るところに、新たなる美が生まれる。

谷戸の静寂と樹木とせせらぎの醸し出す雰囲気が、自然の懐へ誘い、見え隠れする人の温もりがその雰囲気に溶けて小川へ流れる。種々の子魚の群れが淵の深みに見え隠れしたり、浅瀬の清流に逆らって泳いだりと忙しい。番のマガモが、浅瀬ではヨタヨタ歩き深みに来ると得意げに泳ぐ。セキレイが忙しなく横切る。この小川の常連客は、春の色彩を濃くしている。谷戸に静寂を誘引する鶯、遊歩道を飾るタンポポなどの草花、若葉を付けて門構えをしている紅葉の木二本、そして、水仙の群生が、早々と一年の生を終えて横たわっている。

春の息吹も間もなく、その進行は駆け足だ。

3．横浜自然観察の森

森へのルートは、バスで、金沢八景駅・大船駅・鎌倉駅から「横浜霊園前」で降りる。所要時間は十五〜二五分くらい掛かる。ビートルズトレールを徒歩で、港南台駅下車・港南環境センター前（港南消防出張所）より、いっしんどう広場を経て、栄区・磯子区・金沢区の三区区境の尾根道より約一時間、「鎌倉天園」より約五〇分かかる。

★〈横浜自然観察の森〉

・横浜市の施設で、財団法人〝日本野鳥の会〟が運営を委託されており、若きレンジャーが六人常駐しております。

横浜自然観察の森・ミズスマシの池

・利用者数は年間四万人、一日平均一一〇人くらいです。年間を通して約百校の小学校（四年生）が体験学習というカリキュラムで利用するように、学校教育にも一役かっております。

・〝自然観察の森〟は、全国に一〇ヶ所設置されており、市民が生きものと触れ合い、観察することを通して、自然保護の普及とその向上を図るための施設として設置されたものです。自然への認識を深める大切な役目をしているのです。

☆フィールドマナーを守って、皆さん大いに利用いたしましょう！

ハイキングコースの入り口（港南台・環境センター）に立ち、山々を見渡して深呼吸をする。自然の生気をいっぱい吸い込み、新鮮な気持ちで、〝横浜自然観察の森〟を目指して尾根道へ入る。朝より感じ取れないこの生気による爽快な気分と、自然との関わりの意識が森の奥へ私を誘う。自然は早朝に限る。自然の旬は常に朝だ。朝の森にはなにか新たなものが待ち受けている。雲を押しやり、木の葉を揺らし、ササ葉の語らいを誘う風が、私の頬を優しく撫でて話しかける。風に引かれ薄暗い森の中へ歩を進めると、間もなく〝いっしんどう広場〟に到る。

自然には始めもなければ終わりもないが、入り口はどこにでもある。自然との間には透明な膜があり、その膜は、時には頑強であったり、時には軟弱であったりする。それは心というよりは意識に対してであり、破けないときもある。

〝いっしんどう広場〟の椅子に腰を下ろして、しばらくの間森の空気につかっていると、小鳥の囀り、枝葉のせめぎ、落葉の囁き等々の一つ一つが、意識に触れる。目が暗さになれるにつれて周囲が見えてくる映画館のように、感覚が慣れてくると森の様子が感じ取れる。どうにか、自然との間の透明な膜が取り払われそうである。坦々とした尾根道をさらに進むと、心も自然の奥へ奥へと押しやられる。〝いっしんどう広場〟で中年の夫婦を見かけただけで、この公共の場所も、早朝の一時は私の所有物となる。

山は人生そのものだとよく言われます。

小鳥や虫や蝉やチョウは、一心に遊んだ子供心を、

険しい坂道は、情熱を傾けた青年期を、

高い樹木は、迷うことなく進む壮年期を、

朽葉の柔い道は、やり遂げた老年の結実を示す。

〝山は人の故郷であり、心の原点である。〟山では人は本来の姿に戻る。本来の姿は子供心を呼び戻す。山の中では誰もが子供である。

瀬上と氷取沢市民の森の境を通る尾根道を過ぎ、栄・磯子・金沢三区の区境を走る尾根道を、天園（鎌倉）方面へ進む。〝この平坦な尾根道は、誰でも自然と触れあえる散策路として貴重に思える。特にお年よりはもっと利用すべきだ〟などと思い巡らして歩を進めるが、日本特産の植物とはいえ、「アオキ」の多いことに気づき驚いた。当初は、町で見かける斑模様（「ふ」いり）のアオキしか見たことがなかったのですが、この尾根道で中年夫婦に教わって知りました。

ここ山中では、模様のないアオキが圧倒的に多いのはなぜだろうか？　雌雄異株と関係

があるのか？　などと自問自答しながら、ゆったりと二〇分ほど進むと、円海山より三メートル高いという大丸山の展望台の入り口である。長い階段を、高らかに啼く小鳥に励まされて上りついた頂には、青空と光と風が迫る明るい空間が広がる。快感とともに視線を遠方へやると、海の手前には金沢文庫や三浦半島を見渡せるが、建物がひしめく情景はどこも同じようだ。

北海道で道端を占有していたフキやイタドリはほとんど見られず、アオキの多いことを再確認しつつ、標識に従い右折する。尾根道から岐れる〝横浜自然観察〟への道を、緩やかに下ると、さらなる静寂が身を包む。

【横浜自然観察の森は学びの里山】

「横浜自然観察の森は、横浜市南端から葉山まで続く大きな緑地の一角にあり、地形は山地性の丘陵地で、標高五〇～一五〇メートルですが、急峻で変化に富んでいます。自然環境は谷、湿地、池、崖地、台地、草地、樹林地などがあり、生物の多様性に恵まれた地域です。樹林はヤマザクラ、コナラ、ミズキなどからなる落葉広葉樹林で、シイ、タブなどの照葉樹林は断片的に残存するのみです」

（『神奈川の自然をたずねて』より）

★ミズキの道

私は、〝ミズキの道〟のコースが大好きです。変化に富む刺激と尽きない興趣が、絶え間なく私の意識をひきつけるから。地図を片手に観察センターを出発するが、西へ西へ進む開拓者のように、好奇心と勇猛心が呼び覚まされるようだ。子供心を蘇らせるような懐かしい小道を、右へ左へと歩を進め、ヘイケボタルの湿地帯を通ったが、「子供の頃、蛍狩りをして畦道から田圃へ転がり落ちたこと」が、昨日のように思い出される。その一方今の子供たちは、自然の中で遊ぶことができるだろうか？　と素朴な疑問が頭をかすめる。

「最近の子供たちは自然に接する機会が少ないため、ほとんどの子供たちが自然に興味を持ちます。興味の持ち方は、昆虫に、鳥に興味を持ったりと、年齢や個人個人によってさまざまです。そして、自然との親しみ方や、生きものが利用する環境を護っていく必要性を通して、自然の大切さを伝えています」と言うことはごく当然なことですが、若い人たちが、〝自然の大切さ〟を子供たちに教えるところに大いに価値があるのです。

左に折れてまもなく、〝自然そのものの林〟と表示された道の両側を、さらに多くのアオキが埋め尽くす。ミズキの道というよりは、これは〝アオキの道〟だと思うまもなく、右手に岩肌を露にした岸壁が現れる。小さな白い輝きを放って無数の貝の破片が埋まったその岩肌は、貴重なものであることは、縄張りが証明している。考古学者や地理学者にとっては、この辺一帯は興味の尽きない場所のようだ。薄暗い道から、やがて明るく開けた〝ノギクの広場〟に着く。

※【自然そのものの林】とは、照葉樹林に遷移させていく林

①遷移させるゾーン（人の手を加えずシイやカシなどの照葉樹林に遷移させていくゾーン）

②林縁ゾーン（林縁を好む生きものが生育・生息するゾーン）

③雑木林管理ゾーン（人の手を加えてさまざまな雑木林を配置していくゾーン）

の三つに分けて、観察の森では管理を行なっているそうです。

★ノギクの広場　〝露頭が化石を多数含む一枚の砂層〟

数箇所に柵が設けられ、窪地の砂場には、無数の貝の化石の破片が混じっている。周囲に草が生えているものの、草原全体の雰囲気は海辺のものだ。

「ノギクの広場の化石には、ホタテガイ・ワニガワザンショウ・ヤマトタマキガイ・シジミナリシラスナガイ・ウニのトゲ等々がみられる。これらの化石の生息深度はさまざまであり、これらが流れ下って堆積した深度は二〇〇～三〇〇メートル以上の深さはあった

と考えられる」

「野島層が堆積した頃、島だった伊豆半島が日本列島に衝突し始め、衝突域ではパミスやスコリアを噴出する火山があり、巨大地震がたびたび起こっていたようです。野島層の凝灰岩層、海底地滑り、乱泥流、砂岩岩脈は、伊豆半島の衝突と関係があるのかもしれない」（『神奈川の自然をたずねて』の編集委員会）

「二〇〇〇万年前、ここは海だった……」。ガイドマップにある通り、まさに海のものだ。〝ノギクの広場〟全体が砂原であり、ジッと下を見て歩行すると、海辺を歩いているような錯覚に陥る。

〝自然は常に変動しているのであり、変動するのが自然である。〟そのことから、〝自然は自然を破壊し、自然を新しく創る。〟コツコツと人間が文明を築くようなものであるが、それは、自然が自然を破壊するという悪いことにおいて、自然に対抗するということである。「自然が人間を生み、その人間が、自然の足りないところを補い、自然をよりよくするその人工の手そのものが自然なのだ」とする、シェイクスピアの自然観は、ルネッサンスの生んだ最高の自然哲学のひとつである。自然を模倣していく絵画・詩・歌、そして、精神を注ぐ建築・庭・露地・工芸品等々も、やはり自然の孫だ。ありとあらゆるものが自然から生まれたことからすると、人間が築いた文明も当然自然が間接的に創ったものとなる。

自然は変動し続ける。その変動の始まりが終わりであり、その終わりが始まりとなる。この無限の循環が自然の姿である。従って、〝自然は古くて常に新しい〟のです。観察の森は、『一九八六年設立された当初は一部、開発の影響で木が伐採されなにもない状態が、この二四年間で樹木が成長して景観が変化した』、と聞きます。自然を生かし創造することと、そしてそれを後世に伝えることは、やはり人間の仕事であることを一人 人が強い認識を持たなければならない。調査・管理・教育の三本柱を掲げて実践する〝観察の森〟の役割は大きい。

「古くて新しい」ということは、生命をはじめ思考や創造に至るまで、あらゆることの根底にある普遍的なことです。つまり、〝古いもの（こと）を基にして、新しいもの（こと）を生む（温故知新）〟のであるから、古いものは大切にしなければならない。みなさん、「化石を大切にして、新しいことを発見しよう！」

この〝ノギクの広場〟は、一時、私の居間となり、書斎となり、寝室となり、我が家以上に寛げる場所となる。長椅子に寝そべっていると、一度姿が消えた蝶がまた現れて、不規則な飛翔を繰り返し、セキレイが素早く前を通り過ぎる。その音のない動きに静寂が忍び寄る。人それぞれに好む場所があるように、それぞれの生きものが好む環境があるという。その生きものの調査結果に応じて対処するという遠大な作業に従事するレンジャー隊員や約一五〇名の友の会会員の皆さんには、頭が下がります。ふと視線を下へ移すと、雀が二、三羽餌を強請るかのように動き回っている。街中の公園のように、餌を撒いたら鳥たちは集まってくるのだろうか？　それでは、餌場を設けたならば、〝にぎわいのある森〟になるのか？　それは、自然の法に違反するし、自然の姿を壊すことになる。あたかも、社会において〝各種の手当てを至急する〟ようなものであり、それは一時はよいけれども、正常な形を歪めるものであり、本来の姿を壊すものです。種数が増えて、さらに各種の個体数が増えることが、自然の豊かさの指標であり、それが『にぎわいのある森』と知りました。

※『生きもののにぎわいのある森』づくり

その地域に元から生息している多様な生き物が、本来のつながりをもって生息するため、さまざまな環境が保全された森のことである。（観察の森の報告書より）

〝生きものが利用するさまざまな場所が揃っている環境〟ということを考えると、人間社会よりもはるかに複雑であり、神経質なまでの環境への拘りは、人間というよりも他の生きものへの警戒心からであろうか？　しかし、その複雑・巧妙な神秘的・不可解な点が、自然の美や秩序へ連結しているように思える。それぞれの生きものが、生きる場所や食べる場所と箇所が決まっているという整然たる秩序は、まさに宇宙のものだ。〝行動は単純だが結果は複雑である〟という自然の一つの特質は、美を生み出し、それは環境に由来するものであろうか？　自然の一員である人間は、その複雑な環境に入る余地はまるでないのであれば、どのように関わっていくのか皆目わからない。

★コナラの谷

ここへの道は、険しく奥深く原始的な雰囲気に満ちている。短い階段を上ると笹の葉が、続いて、シダとアオキが迎えるここからの急峻な下り道は、自然そのままの猛々しさを備えている。一歩一歩下る度にすべての内臓が下へ突き出るようなこの急階段は、横浜の山でも一、二を争うほどのものだ。アブラチャンなどの木をマップで確認しながら、魔の下り道を終えると、今度は落ち着きある平坦な道と小川が待っている。落差の大きさに気持ちが後を追う。アヤメが密生する小川に並行する、苔むした古木の歩道橋に、木漏れ日で煌く大きな蜘蛛の巣が、せせらぎとともに彩を添えている。朽ち葉で覆い尽くされた道を踏み出す音は、明らかに秋のものだ。さらに、崖の岩肌に根付いて、空中に張り出しているイワタバコとヤブソテツを、揺らしている風はやはり秋のものだ。

〝いたち川〟を前にして、水道の水で顔を洗い一息いれる。川に広がるモミジから視線を移す山上には、ガイドマップによると【上郷・森の家】があることになる。

★上郷・森の家

横浜自然観察の森に隣接した施設です。

・バーデーゾーン（九種類の変わり風呂）、ミニドーム（卓球・バトミントン）、宿泊施設、大広間、食堂、喫茶

・多目的広場（バーベキュー）

残念ながら利用したことがありませんので、紹介だけさせていただきました。

さわやかな秋風が、蝶の飛翔を脅かす。乱れた羽ばたきは、ヨロヨロと酒酔いの千鳥足だ。チョウ・トンボにも、日陰を、日向を、そして湿地をそれぞれ好む環境があり、その

ため、チョウ・トンボの増減は環境の変化の指標となるそうです。人間に、それぞれの生きものに適した環境の選択ができる羨望はあるけれども、複雑な環境を再確認したに過ぎない。小さなトカゲが素早く歩道を横切り草むらへ消える。生を鳴きつくした蝉が、静かに木上で最後のときを待っている。セキレイが忙しなく前を通り過ぎて、私の歩行を促しているようだ。みな冬の準備に忙しいとみえる。

〝ゲンジボタルの谷〟を経て、〝ミズスマスの池〟に着くが、せせらぎとの惜別の心が足を止める。爽やかな風がサーッと吹きすぎて、木の葉がヒラヒラと地上へ向かう。枯葉が折り重なる草原は、空中に立つ一輪の季節外れのタンポポに、小さい蝶が止まりその周りをトンボが泳ぎ回る。自然の時間は確実に進んでいるが、ここだけは止まったままだ。落葉を終えた桜の木は、来春を期してか、早々に蕾を増やして秋へ向かう。秋の背後にはすでに冬が横たわる。

★ミズキの谷

〝ここが、いたち川の源流です〟。ミズキの谷の一帯は、いたち川の源流の一つであり、ここから始まるいたち川は、瀬上沢や荒井沢など支流の水を集めながら、約八キロメートル先で柏尾川に合流しています。
いたち川沿いには、散策路や水辺拠点などが整備されており、自然とふれあいながら、四季折々の楽しさを楽しむことができます。

深い沈黙の中に〝ミズキの池〟は横たわる。時々鳴く小鳥の声が静寂を破るものの、動くものはなにもなく、ここも時間が止まっているようだ。先客が、かたわらに望遠カメラを設置して、手に持った望遠鏡をしきりに覗いている。〝草地を利用する鳥類が減少傾向にあり、林を利用する鳥類が増加傾向にある〟ということは、このような場所も増えているのか、そして、草地が減少したことによる鳥の減少傾向なのかは知らないけれども、このようなバードウオッチャーの観察は、自然の調査・研究には欠かせないものであり、観察の森への奉仕にも多大なものがあると創造される。〝特別観察ゾーン〟と〝一般観察ゾーン〟があると聞くが、精巧な機器と観察の工夫次第では、ゾーンの区別も必要ないであろう。要は、それぞれのゾーンにいる生きものの生活の様子を知ることであり、それが、自然の神秘の解明へ少し近づくことになるのでしょう。

勝手な思いを廻らして、〝ミズキの谷を後にゆるやかな坂道を進むまもなく、左手に、

〝タイワンリスが樹皮を剥ぐ〟ことの調査中の白い札が目に付く。〝外来種の被害〟という難解な問題を各地で抱える。文明の進展によって世界が狭まり、地球が一つになるにつれて避けられない問題であろう。「この森での外来種の影響は、在来種を食べる（タイワンリスが樹皮や鳥の卵を捕食）、資源（餌など）の争いによる在来種の減少（アライグマの影響によるタヌキの出現頻度の減少）、外来種と在来種の交雑（セイヨウタンポポとカントウタンポポ）などが確認されています」ということなどを知ると、外来種を放逐して、完璧に在来種のみの自然を創ることは、世界が狭まり、交流が頻繁になるにつれ、ますます不可能なことになる。

セイタカアワダチソウも外来種と聞くが、今では、各地（ここ観察の森ではほとんど見られないが）に顔を出して在来種のように勢力を延ばしている。昔（平安時代）は〝梅の花〟も外来種であったことからすると、植物は歓迎するが、生き物については受け入れられないというのか？　しかし、長い将来においては、いかなる生きものも共生できる世界になることは確かでしょう。

観察センターへ向かう道のりは、懐かしい子供の頃を呼び覚ます。紅葉もままならぬ無味な状景も、懐かしさというさまざまな思いによって美しくなる。川も草原も森も夜空も、目に映るすべての光景は子供のときは光り輝いて見えたが、今は観念の内にある。その失われた一部ではあるが、この森の中で、輝いた光景として見ることができる。不滅の心情は、不滅の光景の中に宿る。それは、特別なこと（もの）ではない、ごく平凡な素朴な風景であり、里山風景である。

この森のみならず、自然にあるものはすべて皆のものです。公共性を帯びたものは持ち去ってはいけません。〝エビネとヤマユリは絶滅寸前です〟の表示を山道で見かけるつど、残念に思うとともに、採って持ち去るような人は、ハイカーとして失格です。私も、横浜から北海道へ渡った当初は、珍しさと欲望で、たくさんの花を買い込んだものですが、二、三年しましたら考えが変わりました。野道には種々の花が咲き、住家の前や街路の端にもたくさんの花々が置かれて、華やかに咲き誇っております。つまり、一歩外へ出ると、どこでも花を見ることができる事に気づき、買う必要がないことを悟ったのです。道端の花は道端で、野原の花は野原で、山の花は山で見るべきだとの思いが、自分が本当に好きな花を買うことを教えてくれました。ある時、〝野に咲く花〟を採って植え替えたところ、直後にはすべて萎れてしまいましたが、死んでしまったもの、元気を取り戻したものがあったことから、そこの野原の土の成分をはじめとして、日当たりや近くの植物との関わり等々、いかに植物が環境に敏感であり、大切であるかを知りました。野に咲く花はやはり野に咲くのが最良なのです。

4．戸塚舞岡ふるさと村・舞岡公園

ＪＲ戸塚駅・横浜市営地下鉄駅より徒歩十五分・市営地下鉄、舞岡駅より〝舞岡ふるさと村総合案内所・虹の家〟まで徒歩五分

（〒244―0813横浜市戸塚区舞岡町2832・☎045―826―0700）

〝舞岡公園・小谷戸の里事務所〟まで、バス停・京急ニュウタウンより約一〇分、バス停・坂下口より約十五分、地下鉄・舞岡駅より約三五分

（〒244―0813横浜市戸塚区舞岡町1764・☎045―824―0107）

〈二〇〇九・一〇月〉

私は歩くことが好きである。特に知らない土地を歩くのが大好きである。従って、足は二〜三時間歩いても平気になり、そのうちに、好奇心が刺激を受けて意識が開放される。これが、私の心身調整方法の一つになっている。市営地下鉄・舞岡駅の手前を表示板に従

い右折して、小さな小倉橋を渡り、柿の木をくぐるとすぐ竹林に突き当たる。〝舞岡ふるさと村・舞岡公園〟と、左への〝舞岡八幡宮を経て舞岡公園〟に分かれるが、今日は右へ進む。

★舞岡ふるさと村・舞岡公園

一直線に天へ向く純な竹は、秋風と戯れて、上空でゆらりゆらりと大きく頷き、道端のアズマネ笹はせわしなく同調する。稲が刈られた青田から、里山の懐かしい香りが、さわやかな秋風に乗って流れてくる。稲穂の束が整然と並ぶかたわらで、まだ刈られていない黄金色の穂がいっせいに靡き、刈り取りを催促しているようだ。

畑のナスが、トンネル状の支柱に寄り添え大きな果実をぶら下げている。先日テレビで、スイカをこのような状態で栽培して、粒の揃った見事な果実がなっているのを見たが、トマトもキュウリもトンネル栽培ができることになる。収穫が容易で手間が掛からないとすれば、これからの栽培方法であろう。やがて、ある家の前に来て驚いた。「ワッ　懐かしい！」と思わず声が出た。フキが密生しているのを見るのは北海道以来だ。私の山小屋の周囲にもたくさんあり、春にはよく食したものだ。「葉が小さく若いところからすると二度目の成長か？」と思えつつ左折すると、畑が開ける。

特区農園

横浜市市民利用型農園

この農園は、特定農地貸付法に基づき開設された市民利用型農園

平成十八年三月認定

看板の背後のそれぞれの畑には、今年最後の収穫と思われる努力の結晶が息づいている。大根・ネギ・蓮根・キャベツ等々が実る畝の端に植えられた菊の花、イワブキの花、コスモスの花も結実を競う。野菜をつくり、花を愛でる自然の生活は、都会では夢の世界となりつつある。

整備された階段を上る。シソ色に朽ち果てた落ち葉の上に、青や黄色の新しい葉が折り重なり、秋の進行を物語る。その背後に、冬が静かに忍び寄る。冬の気配を感じつつ落ち葉を踏みしめて、最初の休憩所に着く。ベンチを覆うナラの木上では、リスが忙しく動き回っている。冬仕度のためにドングリを取り集めているようだ。四つん這いの逆さま状態

で、用心深く幹まで降りてくるが、上るときは素早いものだ。

柵で仕切られた道を過ぎ、栗の木のある所へ来るとパット明るく開ける。栗の殻がたくさん落ちているが、木は小さいながらも実はりんご程の大きさばかりである。周囲に網を張り巡らしていることから、この見事な栗を狙うものが多いとみえる。明るく開けた前方に、日光を遮るものが何も無いせいか、栗の実が大きく結実するだけでなく、そこの草原には、春の色彩がいまだに充満している。伸びきったタンポポの際立つ黄色い花に蝶が止まり、セイタカアワダチソウがススキと背を並べて段々畑を見下ろしている。ここでは、自然の秩序を無視して、春・夏・秋の季節が平行している。

段々畑の前方に広がる戸塚の街の上空に、富士山？　が見えている。確かに富士山だ！富士山が見えるとはまったく意外であった。なにか得をしたような気持ちになり、その意外性にささやかな喜びがこみあげてくる。楽しみがまた一つ増えたことだ。そこを後にしてまた山道を進むと、階段があり、そこを降りると広い舗装道路に出る。

（左方面）舞岡ふるさと村

（右方面）瓜久保池・小谷戸の里

右へ進み、すぐ左の畑道に入ると大きなカンナ、白いジンジャときれいな花々が目に飛び込んでくる。

右折して舞岡公園へ進む。〝竹林が目に付く〟。竹林が多いか少ないか、そしてまた、増えているかどうかは私にはわからないけれども、随所に見かけるのは確かだ。「昔（明治時代頃）は、屋敷近くの山は竹林にして、竹材とタケノコを採った。横浜市内への野菜の引き売りにタケノコは喜ばれた」と言う。竹細工や竹の炭造りなど、現在はあまり使われなくなったので、竹を切ることもないから広がるのは理解できる。「マダケは全滅してしまったが、今あるのはモウソウ（孟宗）タケ。その竹林が雑木林の中に勢力を伸ばしている」と言う。清新にして鋭く天空へ向かう竹は、真っ直ぐ伸びた分だけ根を張り、それは肥えた土へ向かうというから、畑の方へ伸びるのは当然のことになる。「竹林が増えると山にどのような影響があるのか？」・「竹林を増やさないためにはまめに竹の子を採ることだ」などと、独り言を巡らしながら、左折して坂を下ると〝くぬぎ休憩所〟である。

★くぬぎ休憩所

椅子に腰を下ろして前方を見渡すと、自然との関わりがさらに深まる。秋は進んでいるが、寒さが足りないのか紅葉はなかなか進まない。見晴らしはよいが、冬を背後にしての殺風景な感は免れない。静かに休むクヌギ・コナラ・シラカシなどの木上で、リスだけが冬支度のために忙しく動き回っている。昔はどこでもみな、秋山へ行ってクズカキ（オチバカキ）をしたそうだが、マキ山はお金を出して買い、共有のものは皆で分ける決まりがあり、勝手に木を切り持ち帰ることはできなかったという。落葉は堆肥・腐葉土そして燃料とされたが、クヌギ・ナラ・カシなどの葉の厚いものが良く、特にクズッパ（松葉）は上等な燃料とされたそうです。

今でも腐葉土や堆肥はつくるのであろうか？　などと思いながら坂を下り、〝前田の丘〟を経て〝瓜久保〟へ。冷え冷えと荒んだカッパ池は、一年の疲れを宿して静かに横たわっている。水上の静かさとは反対に、水中は、植物・動物プランクトンの微生物と、小魚・鮒・鯉など色々な生きものの攻防が始まる、激動の世界でもある。静寂と激動の極端な姿は自然の特色の一つだ。池の奥には広々とした草原があるが、三脚を構えて望遠鏡を覗いている人達がいるところからすると、バードウオッチング場であろう。音を立てるのも気の毒と思い、瓜久保の家に立ち寄り公園マップをいただく。懐かしい匂いのする体験田圃の道を引き返し、左の急坂を上る。同じ「谷戸」でも、円海山方面の深い谷戸とは趣がまるで違う。低い山と山との間、丘と丘との間という辺りに、舞岡に〝昔ながらの懐かしい田園風景〟が残った秘密が隠されているような気がする。

★みずき休憩所

ダイに設けられた椅子に腰を下ろし遠方を見渡す。山の新鮮な空気を吸うと、呼吸が意識に入る。きれいに刈り込まれたサガリに、黄色い花房をつけたセイタカアワダチソウが、ゆらりゆらりと浮いている。ここでもよそ者が勢力を伸ばしているようだ。

サガリの遠方には、夏の装いの青山が見えるが、樹々の色づきは全体的に少し濃くなり、秋の進行を表すものの、紅葉にはほど遠い。強い寒さが変化を誘引する十二月になると、それぞれの特色を出して、樹々は濃い色彩を帯びる。その明確な色彩が山を覆う時が、最も美しい一年の終わりとなる。その終わりの中にはすでに始まりが内包される。〝カラスの鳴き声と冬の気配を乗せた風の音〟が、静寂を押しやる。華やかさを包むものの今は淋しげな光景を後にして、朽葉で覆われた道を下ると〝狐久保〟である。

★狐久保

広い芝生は鳥の観察場のようだ。二人のバードウオッチャーが望遠鏡を無心に覗いている。ソーッと芝生の広場を一周してみる。狐の石像が二体あり、整然とした様子からすると、〝儀式の広場〟のようでもある。色々な催事が執り行なわれて、歌ったり踊ったりしている様子が頭に浮かぶのであるが、この静寂な谷戸から、今にも、〝江戸囃子や舞岡囃子〟が飛び出してきそうである。このような広い空間に接することができるのは、谷戸ならではのことであり、永久なる存在を期するものだが？　それにしても、カッパ池の奥の広場と同じく此処は、〝山の中の谷〟という雰囲気が強く、舞岡本来の〝丘と丘との間の小さな谷〟とは趣を異にする。それだけ、舞岡には、さまざまな自然（山）の姿が存在するということであろう。

鳥の啼き声が止むと静寂が忍び寄る。やがて、鳥が啼き始めると静寂に亀裂が走る。静寂は樹々の陰に隠れる。鳥の啼き声が止むと静寂は押し寄せる。静寂と喧騒との遊びは限りなく続くように、自然は単純な行動の繰り返しをすることを常とする。

★中丸の丘

腰を下ろして視線を前方へやると、色々な情景が目に入ってくる。目前の小さな草原に咲くススキとセイタカアワダチソウの延長線上には、ばらの丸の丘へ続く木道が見える。

木道と〝さくらなみ池〟との間には、ススキの群生がきらめき、右手の耕作体験田圃には人が動き回っている。青空には大きな雲が浮かび、散策者はのんびりと木道をわたる。山のサガリの樹々は、まだ足りない寒さを待つかのように、まぶしい光の中でそれぞれの色を遠慮がちに示す。そのさまざまな情景には凝縮された永遠の懐かしさがある。子供たちのはしゃぐ声を後にして階段を下る。

★小谷戸の里

広い道に降りる。懐かしいこの野道を一歩一歩踏みしめて進むと、昔の思い出と懐かしい匂いが芽吹いてくる。今の道路は三メートルくらいは普通であるが、昔は六尺道、四尺道といって、大きい道でも二メートル足らず、普通は一・三メートルくらいで、ヤマミチはさらに狭かったという。薪や野菜を背負いその道を往来し、引き売りや買い物のために戸塚へ出かけたことを思えば、頼りとするのはすべて自己の体力のみであり、弱体者には死が待っている。常に生きることの原点を見据えている生活であり、現在の私たちに最も必要なことを自然は示す。谷戸いっぱいに広がる田圃に、小学五、六年生と思われる体験学習の生徒たちが、騒々しく動き回っている。活気溢れる行動からは、いじめ等々で悩む

小谷戸の里の古民家

面影は微塵も感じられない。子供はやはり自然の子である。否、〝人はみな自然の前では永遠に子供である〟。

刈り込まれた稲が整然と並ぶ素朴な風景の中で、側道の時季はずれのタンポポとセイタカアワダチソウが咲き競う。雑草地の中でのススキの群れが、穂を垂れながらも、今は盛りとばかりにきらめきを放っている。谷戸の象徴ともいうべきこのススキが、昔ながらの懐かしい空間を創り、癒しの空間でもある田園風景の趣を増幅している。

田園風景の前に立つと、なぜに癒されるのか？　自然が単純・素朴を要求するからか？

自然から生まれた人類の始祖が単純そのものであったからか？　または単純への憧憬か？

はたまた単純への回帰の要求か？　否、否、否、それは〝精神の溜まり場〟、つまり、〝人の精神と自然とが長い間交流したところ〟だからです。

新たに造作されたような偉容な茅葺きの屋根が、私たちを圧倒する。

「木造平屋建て、寄棟茅葺屋根の建築様式である古民家母屋は、明治後期に建築されたと思われる戸塚区品濃町にあった旧金子家住宅母屋を、平成七年六月に移築、復元したもので、横浜市認定歴史的建造物となりました。

横浜市・環境創造局『エコマップ』より」

田舎びた古さの感じられない古民家ではあるが、展示品には珍しさもある上に、古人の生活上の知恵や創造力が満ちて興味が尽きない。あらゆるものが揃う現在の文化生活では、私たちの創造力も埋もれて、退化してしまうだろう。あらゆる情報や知識が得られるパソコンに不可能なことは、人間が担う分野であり、それは夢や希望や理想を描く想像力であり、新しきものを生み出す創造力である。ここに人間の特質が存在する。古人の生活上の知恵や道具には、創造力が溢れ、自然を相手にする体験学習や野性的なキャンプ生活には、その原点がある。従って、なにもないキャンプ生活は大いに奨励するが、都会生活をそのまま自然に持ち込んだようなそれは、創造力を働かすことにも、自然と触れ合うことにもならないような気がする。

私：「茅葺屋根の一般的な耐久年数は？」
彼：「〝共有の茅場〟があった頃は、二〇年くらいに一度回ってきたと聞きましたが」
私：「茅場職人はいたのですか？」
彼：「茅場グループの中には、職人並の人は数人いたようですよ」
私：「標準的な茅葺屋根にはどのくらいの量を使っているのですか？」
彼：「具体的にはわかりませんが、二、三メートル積んだ広い納屋を見せてもらったのですが、それでもまだ足りない、と言ったところからすると、相当な量ですよ。昔は、刈り込んだものを年々ためこんだものを使用したのですから、十分対応できたのでしょう」
私：「先日、テレビで茅葺をしているのを見ましたが、簡単なようですが？」
彼：「とんでもない、職人なら、完璧さを求めるとするならば最も難しい、ということは、体で覚えるほかないからです。その時々の状況・変化と条件によって、即時に判断して茅をどのくらいどのように差し入れるか等々が、瞬時に要求されます」

幼年時の思い出を引き出す懐かしい道を踏みしめながら、〝耕作体験田んぼ〟と〝おんどまり保護区〟の間にある〝大原おき池〟に来ると、異様な光景が飛び込んでくる。池へ突き出た木の枝に留まっているカワセミが、急降下、黄色い腹を水面に叩き付けるや、青色の背を表に水飛沫の中直ぐ飛び上がる。元の木の枝に返った小鳥は、それを数回繰り返す。水浴びか？　遊びか？　餌をとるのか？（魚を捕ると後で知ったが）などと興奮冷めやらぬ気持ちを抱きつつ、〝紅葉休憩所〟へ向かう。

★もみじ休憩所へ

ぐるりと囲んだもみじの木は、だいぶ赤味を増しているが、桜でいえば七〜八分くらいであり、あと四、五日もすればピークになりそうだ。ここには秋の進行の速さと深さが感じられる。よちよち歩く幼児に、元気よく走り回る子供、お弁当を食べたり、写真を撮ったりする大人と、秋の深さとともに人の賑わいがここにはある。自然と人との関わりが深ければ、紅葉の情趣もそれだけ倍増される。そして、自然の変化に対して人間の感情が敏感に反応することは、やはり人間も自然の一員であることの証明か。

★舞岡ふるさと村・「虹の家」

★舞岡小川アメニティー

〈秋→十一月前後〉

小川プロムナードの始点に立つ。冬を待つばかりの今の時期は、せせらぎだけが季節の変化にアクセントを与える。殺風景の中では冷え冷えと伝わり、家並みへ進むと優しい感じとなるように、せせらぎも環境の変化に呼応することだ。しかし、小川はいつまでも清く流れ、ヤマは文明の波に飲まれることなく、懐かしい山容をいつまでも見せてほしい。すでに、荒んだ小川は終わりと始まりを内包する複雑さと、内なる変化の激しさを秘めている。

〝舞岡や（農畜産物の即売）とハム工房まいおか〟前のプロムナードを進むと、〝舞岡八幡宮〟が右手に見える。村の氏神であるが、鎌倉の鶴岡八幡宮を想起させてくれる。別に、シモの谷戸の神として八幡社を祀っていたが、舞岡神社に合祀されたものの、お宮はそのままシモに残した関係で、舞岡神社をオオミヤ、八幡社をコミヤと呼び分けているそうだ。舞岡神社の例祭の当番には、カミ・サクラドウ・シモが順番にあたり、舞岡全戸が寄り合うのはこの祭礼の時だけだというから、たいそう賑やかなことだと思われる。背後の山を神域とする神社の前に広がる水田と畑、その道の入り口に静かに休む水車が、田園風景の情趣をさらに深めている。主な水車が四箇所あり、当番の水車仲間は数十人いたというから、水車は止まることはなかったと推測される。

昔の面影を放つ水車を後にして、プロムナードを進むと〝舞岡ふるさとむら・虹の家〟が見える。

『舞岡地区に広がる優れた田園景観の中で、市民の皆さんが、自然・農業・文化などにふれあい、親しむ場を整備し、農産物の直売や収穫体験、ふるさとの森開設などを通じて農業者との交流を図りながら、農地や山林を将来にわたって保全し農業の振興を図るものです。

面積およそ一〇三ヘクタールの地域に、田畑三五ヘクタール、山林二四ヘクタールの緑が残されていますが、公園とは異なり、ほとんど民有の土地ですので、道路や散策路からはずれて、田畑や山林の中には立ち入らないようにお願いします。

また、南側には、自然を生かしたおよそ三〇ヘクタールの舞岡公園も隣接しています。

〝虹の家〟は、舞岡ふるさと村の総合案内書として、平成九年に開館した施設です』

（舞岡ふるさと村虹の家管理運営委員会）

私　：「なぜ舞岡にこのような素晴らしい谷戸（田園・里山）風景が残っていると思いますか？」

館長：「良好な自然が残っている場所なので〝緑を残す〟ことと〝農業の保護・促進する〟ために、市街化調整区画に指定されたから」

私　：「この素晴らしい風景を維持するために、今後どうすべきだと思いますか？」

館長：「〝寺家ふるさと村〟につぎ、平成二年〝舞岡ふるさと村〟として、横浜市から指定され、推進協議会・ふるさとの森愛護会などが組織され、管理しているのでこれを継続する」

私　：「長く伝えていくためにはどうすればよいと思いますか？」

館長：「自然を残すことについて、イベントおよび散策に来られた人々に理解と協力をお願いする」

私　：「横浜市（≒三一％）、戸塚区（三九％）の緑被率をどう思いますか？」

館長：「東京に比べると、まあまあじゃないですか。」

私　：「竹林が非常に目につきます。竹林は増えているのですか？」

館長：「面積は変わりませんね。密集度は竹の子堀りなど実施して竹林整備をしています」

私　：「竹の需要はあるのですか？」

館長：「青い笹は、動物園のレッサーパンダなどの餌に活用されています」

私　：「鎌倉郡山ノ内庄に属していた頃から、舞岡は九〇～一〇〇戸くらいで大きな変化はなかったと聞きます。その民家はほとんど農家だと聞きますが、現在農業を続けているのは何軒くらいですか？」

館長：「〝舞岡ふるさと村〟の組合員としては五五軒です」

私　：「農業の状況はいかがですか？」

館長：「野菜の直売所『舞岡や』へ出荷し、その他は農協や近くのスーパーなどに納品されているようです」

私：「館長が推奨できる〝もの〟や〝場所〟はありますか？」

館長：「天気がよい日には、散策路から富士山が見えます。また、野菜が新鮮で美味しいです。いちご・浜なしなども何軒かの農家でつくられ、評判がよいですね」

私：「ではこの辺で、いろいろ有難うございました」

（舞岡ふるさと村〝虹の家〟館長に取材したものです）

虹の家の背後に横たわる竹林が、波のように大きく風に揺れる。前の小川プロムナード上部の竹林は、一年の成長を終えるも勢いは強く、竹林が増えている実感を得るが、手入れは行き届いているようだ。昔は屋敷の裏に趣を加えて小さな場を占めていたのが、今はいたるところにはびこる。その一方、竹材の遊具や生活用具がほとんど消え、竹の需要が激減した。「地震が来たらすぐに竹薮へ逃げるんだよ」とよく言われたように、竹は親しみのあるものであったが、今は邪魔者のようになっているのは気の毒だ。

竹林とともにしばらくプロムナードを進む。「マダケとモウソウは仲が悪く、モウソウが勝っちゃう。だから、マダケはすぐなくなってしまう」と聞いたとき、両者は共生できずに、弱いマダケが全滅したという理由がわかったような気がする。重視された竹材も、いまでは捨て場もなくごみ以上に邪魔者にされているが、何か使用法がある？　はずだなどと、考えを頭によぎらせながら大きく右折する。バス停・坂下口を経て、竹の群生地を右折してすぐに道を横切ると、趣が一変する。この道が、山と町・自然と文明の重要な境界線のように思われた。

　刈り込まれたばかりの田畑には、生活の匂いが漂い、まだ温かさが残る。一部刈り残された黄金は、その背後のススキと輝きを競う。イナサに揺れてきらめくススキが、どこの場においても姿を見せる外来のセイタカアワダチソウと、宿命の対決のように競い合う時期なのであろう。世界が狭まることにより人間の交流が容易になるにつれて、あらゆることにおいてあらゆるものが往来することになる。スポーツ界を初めとして、植物界や生物界においても外来のものが顔を出す。地球の裏側で流行するインフルエンザが、すぐ日本に渡って来るようなものであり、市場や経済においては世界が一つになった証であるが、政治は遥か後方にあるようだ。

　一つになった地球と人類の行く末を考えることは、自然のことを考えて、いかに環境を維持していくかを考えることでもある。

〝さくらなみ池〟の小さな孤島より突出した一本の木が、人類の指針を示唆するように、天空へ向かう。いつも自然の前に立って思うことは、なにが変わったのであろうか？　この池にインクを一滴流した程度の変わりようであるか？　この谷戸風景の前に立つと、変わらぬ風景とこれまでの人間の足跡が、人類の未来を示唆しているようでもあるが？。谷戸風景（田園風景）と池が変わらないのは、これも人類の自然への挑戦であり、知恵と工夫と努力の結果である。文明は人類の自然への一方的な侵略であるが、自然の保全は人類の自然への挑戦である。常に自然が変わるように人類も変わるのであるが、ここは変わらないことが進路である。小さな変化はすべてここに吸収される。しかし、

私：「もちろん、軍拡競争は自然界でもありますね？」

彼：「動物・生物・植物界と、海・湖・河・森の中と生きもののいるところなら、どこにでもあります。植物プランクトンを動物プランクトンが、動物プランクトンを小魚が、小魚をそれより大きい魚が食べるように、弱肉強食の世界では特に激しい。殺すものと殺されるものとの知恵や工夫は、限りなく続く。シマウマやシカは、その天敵であるライオンやチーターから逃げのびるために、より早い走力を求める一

方、捕食者のライオンやチーターもより速く走ろうとする。そこに進化の姿がある。つまり、軍拡競争は生物の進化に寄与することになる」

私：「ここを維持・保護することも自然との競争ですね？」

彼：「競争は人間の本質の一つであり、昔から人類は、自然と自分たちの仲間とも競争してきた。したがって、競争は進化の原点であると言える」

私：「人間はこれからも変わるということですか？」

彼：「変わることは確かだが、人類は本能の変わりに知能を得るまで数億年かかっているように、人間感覚からすれば気の遠くなるような先のことだ。そして、どのように変わり、人類はどこへ行くのかわからないが、宇宙衛星の実験が教えてくれると思う」

〈二〇〇九年、春・三月〉

雪の降らない地方は、季節の移り目が定かではないが、風と木の枝の膨らみに加えて、足下の草花をよく見れば春の到来はわかる。まだ周囲は殺風景であるが、優しい春風に誘われて真っ先に動き出すのは、地表の草花である。そっと枯葉を持ち上げると、新しい命が次々と芽吹いているのが目に入る。特にどんぐりはしっかりと根付き、青白い体をニョキニョキと伸ばす機会を窺っているようだった。樹々の葉と成長を競い合いながら、光が十分地面に当たるうちに、急いで花を咲かせ実をつけるために、草花は必死で駆け出す。そして草花が一年の結実を表す頃には、日に日に枝先の芽の膨らみを広げる樹々の順番がやってくる。

アズマネササに囲われたヤマミチを覆う古き枯葉を押しのけて、新生命が広がりを見せる。沈黙の内で、一年の命を大きく開くために、山は静かにそして激しく動き始める。シダ類の姿は見えずに、ササに続いて生の範囲を広げているアオキが、古い葉の上部に、青々とした若葉を伸ばしている。何億年か続いてきた春の息吹が、いままた確実に歩み始めている。

★舞岡小川アメニティー

〈春・四月前後〉

寒い冬を後にして、暖かい春が動き出したようだ。かすかな息吹の鼓動が、木々の芽の膨らみにつれて次第に大きくなってくる。その鼓動は、色彩をも加味し明るく弾む音楽を奏でるせせらぎとともに、晴れやかに心に響く。聴覚と視覚から訴える春の花宴は、感覚を大きく膨らませて世界を明るくする。そして不況の暗い姿は、華麗な色彩の競演の陰に隠れる。ここ舞岡小川アメニティーも不況快復への一端の役割を担っていることだ。

四月、十月と二度咲きするという〝十月ざくら〟が、ピンクの花をもって私たちを迎える。先ずは、地表に近い小さい草花が、「私たちが一番先だよ」と言わんばかりに、可愛い美しい花々を競う。タンポポ、スミレ、オオイヌノフグリが、それぞれの個性美で足下を飾ってくれる。ゆるりと歩を進めると、垂れ下がる雪柳の白と蓮魚の黄の花が交互に視覚を襲う。その背後の草原一面に咲き誇る菜の花が、華やかさを増幅して、一帯を晴れやかなものにしている。アヤメが、やがては春の儀式に参加するかのように、蕾を膨らませている。

〝舞岡八幡宮〟への通路の左右は広い稲田になっているものの、菜の花を初めとする華やかな花々が春の息吹を装い、いっせいに飛び立つスズメが躍動の季節を祝って、舞岡八幡宮の質素な朝の儀式も、人出のいらない華麗なものになっている。

華やかな小川プロムナードを晴れやかな気持ちで進むと、総合案内所である「虹の家」

に着く。〝舞岡スケッチ教室〟の風景画や舞岡歴史の展示と、〝竹の子を使った料理教室〟が行なわれる中で、片隅の机上に置かれた『舞岡公園草花集』の冊子が目に付く。ここ舞岡の自然に親しむためには、草花の名前を知ることが第一歩ではないかと思って、係の女性からその写真集の一部をコピーして頂く。親切な応待を受けたのは横浜へ来て初めてのことであり、心も、花いっぱいの小川アメニティーのように、晴れやかなものとなる。

〝ふるさと村・虹の家〟の背後の山を覆う竹林が、竹が勢力をいかに伸ばしているかを象徴している。前の小川アメニティーに沿って続く竹林は、竹の子から徐々に成長して一〇メートルくらいの竹になるまでの成長過程を見ることができる、まさに〝竹の子観察場〟になっている。真っ黒い姿のモウソウダケの子が、成長するにつれて、節のある青々とした姿に下部より変わっていく。竹の子は食用に、その皮は草履などに使い、太い幹は器具材用にするモウソウダケは、捨てるところがないというのに、今は需要がなく邪魔者にされているという。

心地よく二〇〇メートルくらいプロムナードを進み、アセビとサンショウの木が多くあるところを右折すると、町並である。バス停・坂ノ下を経てさらに右折して、竹薮の前の道を横切ると、ガラリと趣を変えた小川アメニティーとなる。

静かさが満ちる雰囲気の中で、せせらぎとウグイスの鳴き声が、そっと頬を撫でる風とともに春の始動を告げる。後続の種々の鳥の鳴き声は、それぞれの花を咲かす道端の草花のように、自己の個性を主張する。里山の雰囲気が満ちているこの通りは、歩みを進めるにつれて子供心を蘇らせる。備え付けの椅子に腰を下ろして、ウグイスの美声に心を開き、足下の草花に耳を傾けているうちに、ようようヤマが私を受け容れたようだ。

小川には泳ぎ回るヤゴと子魚（稚魚）、石によじ登る青白い小さなカニ、岸辺より飛び立ったと思うまもなく枝にすがりつく薄翅のトンボ、いずれも誕生したばかりの新しい命が始動している。少し離れた水上では、顔を背に埋めて、安心しきった様子で眠り（春）を貪っているマガモの番、陽春を肌で感じようとするかのようにゆっくりと俯いて歩む女性、のどかで明るい時節が始まる。

〝この平和が、そしてこの自然はいつまで続くのか？〟ふと頭をよぎる。小川の反対側に目をやると、賑やかな色合いの樹々を背景にした広い田畑が、何も植えられずにまだ眠っている。遠くの山々は沈黙の中にある。自然は、〝静の中の動、動の中の静〟の本質を剥き出しにする。

★〝瓜久保〟から……（夏・七月九日晴れ）

今日は風が主役のようだ。風は始原より存在する沈黙と大の仲良しである。沈黙に濃淡深浅と色々な顔があるように、風にもさまざまな顔が見える。今日は強くて怖い顔のようである。視界内の山が大きく揺れる端に、文明の一片が顔を出す。建物が見えるほど山が狭められているようだが、山の中腹の平らな畑は、人間と自然との長い交流の象徴とも言うべきものであり、遠い先にも、当然のようにそこに存在するような気がする。

蓮の花が一輪咲く池には寂しさが満ちているが、隣の〝小さな田圃〟は賑わいの真っ最中だ。一月ほど前に来た時に植えていた苗が、青々として生長へ向かう途上にある。小さな田圃ではあるが、数種類のトンボやチョウやヤゴ、そして鳥などが集まる賑やかな場所となっている。生きものは、水辺を求めるのが習性であるが、人間が〝調和〟ある生活を求めるように、生きものも調和ある環境を好む。自然が微妙に成り立っていることは、単純な行動を要求する自然の結果が、複雑極まりないことによって証明されている。

山容が一望できる〝みずき休憩所〟の先方には、微妙に異なる色合いで覆われた山々が横たわる。その色合いは、夏へ進むにつれて濃くなり、終には自己（個性）を不動のものとする。森の中から飛び出した電気ノコギリの鋭い音が、静寂へ亀裂を刻む。深さを重ね巾を広げる亀裂は、文明の象徴である。文明というやつに押されて、いずれはこの森も消え去り、心象風景と化かすのであろうか?

「考えること」・「創造すること」が人間の本質であるように、宗教や文明もまた同じように人間の一部である。即ち、〝思考・創造すること〟を本能とする人間にとっては、この素朴な自然の変革や創造を求めることは避けられない。

自然を変えるには二つの方法があり、一つには、ビルを建てたり道路や橋をつくったりと自然を根底から変えることであり、もう一つは、〝自然を現状のまま維持・保護すること〟である。この場合は、〝自然は常に変わるものである〟という自然の本質を前提として、「現状の維持・保護」は自然の創造・改革となることを意味する。前者には文明という一般的なもの、後者には、歴史的・伝統的な地域やお寺などの建築物・庭園・露地、そして、公園等々の保護区域があります。〝舞岡の谷戸風景(田園風景)〟は後者に属して、庭園や露地には決して劣るものではない。

舞岡では比較的深い谷戸である〝きつね久保〟の広場は眠っているが、上空には、樹々の優しいざわめきが流れている。そのざわめきに誘われてセミの第一声が始まる。枝葉のざわめきと力強いセミの声は、夏への前奏であり、シャワーのように流れるセミの声は、夏の象徴であり暑さの誘引者でもある。さらに、蝉はカゲロウとともに人生のはかなさの象徴でもあるように、喧騒の中には哀愁が漂う。ここには、上空の喧騒と地上の静寂という二極世界が存在する。

階段を上りきると草いきれと明るさが日前に広がる。今は懐かしい微かに漂う肥料のにおい、花々の香りを嗅ぎ分けることができるほど、ここの空気は新鮮とみえる。そして、朝の空気には味と匂いがある。〝中丸の丘〟も一時はわが庭となり、ダイの長椅子に腰を下ろす。サガリに咲く色褪せたアジサイが、ヒメジョオンとシロツメグサをお供に、往年の輝きを一部保っている。小さな芝生の中で、宙へ突き出たシロツメクサの丸い花が、子供の頃の想いを引き出す。その想いをこめて踏み込む小さな芝生は、広い草原となり、それは青空とともに海へ山へ、そして町へ友のところへと私を連れて行く。私の想いは、自然と宇宙のように限りなく広がる。

★小谷戸の里

〈小谷戸の里事務所〉TEL/FAX045（824）0107
〒244−0813横浜市戸塚区舞岡町1764

「舞岡公園・小谷戸の里管理運営委員会」の発行する、詳細に記載された年間計画表を見れば、作業内容はすぐわかる。先ずは、参加して体験することが要求される。「谷戸」という自然の中で、それに寄り添って、昔ながらの景観を維持しつつ生活をしてきた古人に、先ず敬意を表したい。山と山との間の深い谷は、円海山方面などでもよく見かけますが、丘陵と丘陵との間の浅い谷はほとんどなく、貴重な場所のように思います。〝舞岡にこのような素晴らしい谷戸（田園・里山）風景が残っている理由〟と、〝これを維持・保護〟して、〝長く伝えていくためにはどうすればよいか？〟などを私なりに考えてみました。先ずは、【結論】〝丘陵と丘陵との間にある小さな谷〟は、人間生活に適した環境であり、農耕にも適した土地であったということ。そして、地形的なことだけではなく、その時々の人々の適切な判断と選択、環境をうまく生活に利用し続ける創意工夫があったからこそ、環境とともに幾世代にも伝承されてきたということでしょうか。

以前は、トマト・大根・人参・ゴボウに、〝舞岡の名前がつくほど優れたものをつくった〟と聞きます。特に、長ニンジンとミツバは有名であり、ジャガイモやサツマイモも人気があった、ということは作る野菜はほとんど優秀なものであったことになります。その原因は、〝土〟にあったというものの、土のみならず、野菜作りへの工夫や研究心などとともに、自然を見極める知識があったことは言うまでもない。稲作から野菜中心の農業へ転換したことが、一時的には成功したことになるが、現状を見ると活気ある農業の姿は見られない。かつて栄えた農業、そして、すべての始まりである農業が、今消えつつあるのかと思うと残念でならない。

★たんぼ→耕作体験田んぼ

自然の象徴の一つである〝緑〟には、〝山と田んぼ〟がある。しかし、田んぼは自然というよりはむしろ人工物である。庭と同じように田んぼは、自然の中へ人間の知恵と創造が注ぎ込まれたものであり、自然と人間の精神が融合して造られた芸術であると言ってもよい。結果において、庭は精神的なものとなり、田んぼは物質的なものとなるが、経過においてはまるで同じだ。その複雑さと微妙なことにおいてはすべて自然の法に則っている。

舞岡公園の農業体験

稲穂の波、爽やかな風、清々しい音は、それぞれの感覚に訴える。素晴らしい光景を見ると、感覚が即座に感動に変わるが、田んぼの前に立つと、徐々に引き出された個々の感覚が一つになったときに、湧水のように感動が溢れてくる。その感動は、自然の恵みや生活の匂いなどの現実感を心の隅へ押しやり、そこに累積された精神が、見る側の精神を揺さぶったものだ。つまり、つくる側の精神が見る側の精神に伝わる田んぼは、まさに生きものであり、自然を超越したものだといえる。

田んぼの背後に控える人は、意識の中にはないが、そこへ吹き付ける爽やかな風と、生きもののようにいっせいに靡く稲穂の波と、清々しい音が醸し出すえもいわれぬ風景から、人の精神を感得する。それは、千数百年にも及ぶ長い間に、人と自然が生み出した結晶であり、いのちが育んだ芸術である。人を意識した庭園、自然を意識した田んぼではあるが、いずれも過程は〝自然のような自然〟を希求する。〝人と自然の合作〟である自然のような自然は、自然を超越したものとなり、自然より優れたものとなる。著名な庭園や露地にも劣らない理由がここにある。

そしてまたその感動は、青々とした稲穂の純一さに吸い込まれる。稲穂の純一さは、創る者の心の表れであり、純一さは人間本来の姿である。純一さへの憧れとそれの回帰への要求が、自然への熱い思いとなる。

★戸塚の自然

戸塚の自然といえば、柏尾川の桜並木は欠かせない。戸塚には、舞岡町以外にも、矢部町、東戸塚、俣野町、小雀町、名瀬町等々自然は随所にあるが、特に、汲沢町の【まさかりが渕市民の森】は、川の流れと趣ある雑木林が醸しだす雰囲気が人を癒す。宇田川の清流と美しい滝の音は、それを取り囲む雑木林の趣深さとともに、森全体の興趣を増幅するが、それはやはり町のものであろう。〝メモリアルグリーン〟を擁する〝【俣野公園】は、整然とする墓石が自然に溶け込み、非常に明るい雰囲気は洋風のものだ。小さい花を供える老婦人・若い人といずれも絵になるような光景は、命の永続性を伴い心を癒す。【東俣野町】の〝広大な田園風景〟は貴重なものであり、黄金の稲穂には心奪われるものがある。その前に立つと、純一な稲穂とそれを撫でるように吹く風が、穢れた心を洗い流す。俗を払拭された清心は稲穂の波に吸収される。まさにこの〝田園風景〟は、自然が時の流れで顕現したものを、人生の周期として体験・大成したものだから貴重なのです。

★柏尾川の桜並木

湿地帯が広がっていた柏尾川流域は、鎌倉時代になると、この湿地を水田にする開拓が始まり、江戸時代には、〝川切り〟と称して毎年七、八月に沿岸の住民が、柏尾川両岸の竹木雑草を刈り取る習慣があったそうですが、明治になっていつとなく中止になる。明治の頃、柏尾川は曲がりくねって勾配も少なく、大雨や台風時期などすぐ水が溢れ水田を水浸しにしたそうです。柏尾川の改修をかねた耕地整理事業が、多くの困難を克服して四三年に完成して、両岸の堤防に桜を植えた現在の柏尾川の姿になったと聞きます。

柏尾川の歴史が、まさにそのまま戸塚の歴史でもあります。農業一本に依存する戸塚の

柏尾川の桜並木

住民にとっては、柏尾川と天候はまさに天敵であり、襲い襲われの激闘を繰り広げてきたわけです。

今私たちは、先人方のご苦労のお陰で、桜の花を愛で、さまざまな鳥に視線を奪われ、柏尾川の景観に心をゆだねて、散策を満喫しているのですが、柏尾川の堤防には先人の汗と涙が滲み、ご苦労の結晶が桜並木の開花となったことです。その苦労に報えることは、私たちが桜を愛し、柏尾川を愛し、自然の法に則って永遠に保つことです。

★戸塚の町と柏尾川

戸塚の町を特徴づけるとすれば、誰かさんが言われたように、〝雑居性〟である。整然としている柏尾川とはまるで対照的である。町の整然さをすべて柏尾川が奪った感じである。いかに柏尾川に対する思惑と苦闘と愛着があったか、そしてまた、戸塚の町は、いかに柏尾川の犠牲になったかを物語るものであろう。それは、柏尾川の幾何学的・文明的な様相とは反対に、戸塚の町の雑居性に内在する自然らしさ（人間的な温かさ）が証明している。まさに、自然の中の文明と、文明の中の自然を、それぞれが全体の雰囲気の中に宿しているということです。

白旗が空に舞った〝舞岡八幡宮〟、陸奥の反乱平定のため東下した源頼義・義家父子が一夜を明かしたという〝富塚八幡宮〟、お札まきの〝八坂神社〟と、昔の名残は薄れつつあるものの、先人たちの歩んだ足跡と苦労は、歴史と伝統の下で、原点とする精神とともに子供たちへ伝えなければならない。

★柏尾川の花見

昭和十年頃の花見は、紅白の幕が張られ、酒やおでんの屋台も多く、お菓子・飴・綿菓子のお店も出て、ドブや柏尾川に落ちた酔っ払いも多く出たというふうに、大変な賑わいであったとのこと。朝日橋付近では水を留めてボートを浮かべ、河川敷では芸者も出て歌ったり踊ったりの大賑わいであったそうですが、そこに植えられた麦や野菜が、被害を被ったことはお気の毒なことでした。〝苦労の末の盛況〟、目に浮かぶものがありますが、現在にも柏尾川を愛する精神は受け継がれているようだ。〝温故知新〟は、すべての根源であり、人類永続への道であります。

5. 金沢自然公園

秋も中ごろ、氷取沢からのトンネルを抜けると、パッと開けた天空の下に、草の生い茂った遊水地が現れる。雑草とススキの群生の中から、台風襲来のようにすずめの群れがいっせいに飛び立つ。その音が遊水地に大きくこだまして草木を震わす。生きものにとって憩いの場所となっているこの遊水地のそばに、もうひとつトンネルがある。トンネルの先方に見える、小さい額縁に収められたような風景が、人の影絵とともに、歩を進めるにつれて少しずつ大きくなってくる。額縁の風景が消えて、現れた整然とした階段を下ると、〝シダの谷〟である。

金沢自然公園・シダの谷

★シダの谷

谷戸は下草としてはほとんどシダ類とアオキである。一面のシダの群落地を長い木橋が続く。みな一様に見えたシダも、名札を見るつど頻繁に足を止めるほど種類が多い。知っているのはほんの数種類で、あとはキノコ同様ほとんど知らないものの、よく見ると違いも現れ、その規則正しさと精巧さには、改めて驚かされる。大船植物園だったか記憶は定かではないが、木になるシダと、丸みを帯びた長いシダを見たことがあるが、(温室だったとすれば当然)ここには見当たらない。右方向に動物園を見て、〝ののはな館〟を経て売店へ向かう。頂上である売店の前からは、金沢文庫の街が一望できる。その斜面を下ると所々に休憩所があるが、樹々に囲われた広い休憩所の一ヶ所をひとり占めして、売店で買い求めた焼きそばを食べる。

澄んだ空気と青空と山々の風景を見ながらの食事は、ごく普通の焼きそばを、一級品の料理にする。たくさんある広い休憩場所を一ヶ所ずつ家族が占有し、食事や昼寝をしたり子供と遊んだりと、我が家のように自然とともに過ごしている。まだ紅葉にはほど遠い周りの青山が、躍動する人々の喧騒を受け容れて、人と自然が一つになっている。人間が自然に帰ると生き生きとするのは、やはり人間は自然の一員であることを証明している。自然が常に変わるように、人間は常に新鮮さを持つためには、常に自然と触れ合わなければならない。真に自然を楽しんでいる人たちの姿を見ると、この自然公園と過ごせる人たちを、羨ましくさえ思える。草花を観ながら段々坂を下る。

★なんだら坂

この坂を下るが、豊富な草木や花々が目を楽しませてくれるし、変化に富む風景が興味をつなぎ、なかなか飽きることはない。まだ中腹であるが一旦平地になると、屋根つきの休憩所があり、その周囲は趣を一変する。休憩所の傍には、石と水流がつくる露地風の雰囲気があり、一帯には池あり、灯篭あり、橋あり、石だたみありと、庭園の小道具は揃っていて、赤い太鼓橋が庭園の雰囲気を強調している。さらにそこを下ると、間もなく金沢文庫の街並みへ続く。

★六国峠ハイキングコース

〝金沢自然公園・市民公園〟へは、横浜・港南台の〝いっしんどう広場〟を経て、尾根道から四〇分くらいかかるが、途中、清戸の広場より〝ひょうたん池〟へ降りると、目の前が〝金沢動物園〟である。これが最短距離二〇分くらいであり、尾根道を利用している人にとっては極めて近い。しかし、今日は電車にて金沢文庫へ行き、そこから、一時間以上の行程である六国峠ハイキングコースを歩いてみる。コースの入り口をようよう見つける。

樹々が覆い被さる暗い道を、露な岩肌を大蛇のようにうねって貫通する木の根が、不気味なものにしている。この雰囲気は、横浜ではなく鎌倉の尾根道のものだ。

〝能見堂緑地〟の立て札の前に散乱している貝は、化石のようである。朽ちた落ち葉が折り重なる道を進み、〝昆虫広場〟を経て、雑草がのびきった能見堂の跡地に立つ。「命には終わりあり、能には果てあるべからず」と、世阿弥のことばが伝えているように、そのときの新しい命をえて、能は生き続けている。ここ能見堂は、〝金沢八景根元地〟とあるように、金沢の永続を意味するものか。

落葉の多いさまは、秋を飛び越して冬の到来を思わせる。自然の境は、夏と秋とは線を引けるが、秋と冬とはつながっている。雪国では、春・夏・秋は一連となり、冬は独立して一年の半分を占有する。そして、一年の始まりは冬である。蝉の声が絶えるとき、夏の終わりでありすでに秋が始まっている。循環する自然は、一ヶ所に停滞することなく次々と変わる。それは古いものを基にして、というよりは、あるものを基にして新しくなる。自然には古いものと終わりがなく、新しいものと始まりだけである。従って、絶対に飽きることなく、意識を前向きにするならば、創造力は常に飛躍する。

一般的には、高い尾根道ではアオキとササが多く、低い谷戸や日当たりの悪い所ではシダ類が多くなるのも自然のきまり。周りがシダに覆われた丸太の階段を、曲折しながら降りきると、明るく開けた谷間に〝不動池〟が横たわる。州浜の感じの表現か、白い小石で固められた池の水辺が際立つ。遠くでカモが泳ぎ、あちこちで鯉が踊る。中島の借景の山（樹々）が、青山からさまざまな色づきに変わろうとしている。爽やかな風が秋へ誘うように樹々を大きく揺らす。通り雨が静かな水面を突然に叩く。雨と風と光がつくる燦然たる水面の表情は、静から動への性急なる表現である。波の煌きは、水中における生の躍動を暗示して、光と水は生への奉仕と天空との関わりを表す。

〝谷津関ヶ谷不動尊〟への急な石段を上り、途中、お参りをしてから尾根道へ出る。黄色い花が咲き誇る背後に、高層住宅が突然姿を現す。その意外性と不自然さにおのずと笑みがこぼれた。苔で覆われた岩の真ん中にあけた穴に、道祖神を祭り花を供えている。なんと心和むことか！　住宅地のある両側の谷方に学校があるのか、子供たちの歓声が山を襲う。その住宅地の中の起伏の激しい尾根道を、上り下り曲がりしながら、そのうえ、道を縦横無尽に走る木の根を跨ぎ、せわしなく歩を進める。能見台六丁目方面のたて看板のある辺りで、年配のご夫婦に出会うと、「コンニチワ」という元気な声が飛んでくる。一拍おいて、あわてて「コンニチワ」と言い返す。長い時間人に会っていなかったことと、不意を衝かれたことで、言葉を発する準備がまるでできていなかったが、それでも、笑顔を交わし行き交う後には、心と暗い山道が晴れやかになる快さが残る。自然の中では人間は常に素直であるようだ。一般道路では挨拶など思いもよらないことが、山の中では普通に行なわれている。人間は、自然の中では常に人間であるようだ。

一部分が黒く朽ち果てて垂れ下がっているアオキの葉が、あちこちで見られる。枝に付けたまま朽ち果てたところに、新しい命を宿すようだ。しばらく整備された道を進むと、サツキやツツジが多くなるが、この雰囲気は公園の散歩道だ。尾根道になるとまた多くなるアオキとシダ類は、人類の永い仲間のようだ。

★釜利谷市民公園

能見台二丁目方面の表示板のあるところより、ササに覆われた細い道に導かれ、〝七曲口を経てバス停へ〟の場所に来る。谷戸の斜面に杉の木が行儀よく直立している。釜利谷市民の森かなと思いつつ広い石段を降りると、刈られたカヤが横たわるこの道の右に広い道路が走る。その先方に横須賀道路の釜利谷料金所が見える。アザミ・シロザ・ヒメジョオン・カヤ・ススキ等々が生える、さもシーズンたけなわの様相を呈するこの道は、やがて、広い道路と別れて左の山へ入る。釜利谷市民公園である。

こがね台広場より、〝馬の背・金杉谷〟へ足を伸ばす。名前の通り杉の木が多くなるが、斜面を下るにつれて、杉の木が段々細くなっていく。しかし、高さが変わらないところからすると、太さを犠牲にして光を追い求めたものとみえる。この涙ぐましい努力から、森の生存競争の厳しさと激しさをみる。山や森の樹木は、安心できる環境とは正反対の、都会的な軍拡競争の環境で成長しているようだ。光を求めて争っている樹木には、光の獲得によって生き、日陰によって死が待っているわけだから、我先に必死で高くなろうとする。日本人の悪癖であるように、誰かが走り出すとみんなが走り出すから、軍拡競争は本質を剥き出しにしてエスカレートする。人間社会と自然の相似をみるが、〝誰かが走り出すと皆が走り出す〟・〝皆で渡れば恐くない〟というなかには、〝いじめ〟などの危険な要因がふくまれる。多かれ少なかれどこにも〝いじめ〟は存在するのに、「ありません」と言うことは、人間の本質を無視していることであり、堂々と嘘をつくことを生徒に教えているようなものだ。同時に、〝みんなが一緒〟には安心感があるが、西洋的な個人主義思考は存在しないように思うし、その上、〝よりどころとするものがまったくない〟今の日本には、〝真の民主主義〟が存在するのか疑問を抱かざるを得ない。

私：「〝よりどころ〟とは何ですか？」

彼：「心の拠り所です。すなわち、〝生きていく上に必要な心の支え〟です。父母・家族・友人・愛人・恩師など、さらに、仕事・仲間・宗教などがありますが、いつの間にか心から消え去りましたね」

私：「私には夢があります」
彼：「素晴らしい！　夢に向かって進むのは最高なことです」
私：「近所の宗教会館には、いつも人が溢れています」
彼：「宗派数は知りませんが、年間千単位で宗教法人は増えていると聞きます。生活の中で、〝心の支え〟を必要とする人がそれだけいるということです」
私：「社会も軍拡競争は盛んですが、子供のときはあまりさせたくないですね？」
彼：「その通りです。現在の社会そのものが競争原理で成り立っていますから、ある程度競争は仕方ないとしても、軍拡競争にならないようにすべきです。競争の中では、『その子が持っているよいもの、能力』を引き出すことができないばかりか、それを見失ってしまいます」
私：「子供の時には、トマト（野菜）のように安心できる環境を与えて、のびのび育てることが大切だということですか？」
彼：「そうですが、のびのびと育てる環境が失われた現在、親が確たる信念と方針を持ち、愛情をたっぷり注いでやれば、その子が本来持っている能力（素質）は花開くはずです。それなのに、競争そのものを本質とみて、金・地位・名誉を目的とするようになることは、嘆かわしいことです。結果的には子供を殺すことになります」

私：「愛情だけで子供も社会もよくなるのですか?」

彼：「よくなりますよ。〝愛情〟という心の支えを子供が強く感じているならば、子供は自信を持ち強くなります。ただし、私が言っていることは、〝すべての根底に愛情がある〟そして〝そこからすべてが始まる〟。つまり、〝愛情を前提としなければ、子供に対する厳しい躾や注意することもあり得ない〟ということですよ。〝安心できる環境〟も〝愛情（優しさ）と厳しさの中にある〟ということです」

私：「今の社会には愛情がないのですか?」

彼：「〝親の愛情がすべて〟です。親の愛情は社会の愛情であり、コミュニケーションはそれから生まれます。個々の大人が自分の子に愛情を注げない状況で、他人の子になにかをするのは難しい。厳しく言える大人がいないのも、見て見ぬふりをする（が陰で必要以上に言っている）のも当然なことに思える」

私：「注意して殺された人もいましたから、見ぬふりをするのも仕方がないように思いますが?」

彼：「愛されない、愛せない、まったく孤立しているからです。心の〝よりどころとするもの〟が何もない」

想像は宇宙のように限りなく広がる。やがて、右方向に大駐車場が見えるが、〝金沢自然公園〟のようである。金沢文庫駅から一時間半以上かかったことになるが、バスを利用して港南台駅から円海山を経て、およそ45分くらいである。

★ののはな館

〝ののはな〟と言えば、大変懐かしい響きと幼いころの香りが漂う。その草花が、入り口に無造作に置いて並べられている。さぞ懐かしい草花がもっとたくさん見られるだろうと、内へ入ったのであるが、工作や生物の観察や読書などをする子供中心の空間であった。考えてみると、広がる大自然を目の前にして草花を飾る必要は何もない。「〝ののはな館〟の庭は、目の前の広い自然公園です。自由にご覧ください」と言いたげである。

幼いころ、両親と野原で遊んだことや、バッタやチョウやトンボを追いかけ回した記憶もあるだろう。そこにはタンポポやクローバーがたくさんあり、シロツメクサの小さなボールのような花を摘んで、首飾りを作ったこともあるだろうし、小さい白い花の咲く、ハコベやミツバも見たことでしょう。

子供時代を通してお世話になったのは、〝ゲンノショウコ〟と〝ドクダミ〟である。ののはなと言うよりは、薬草として古くから親しまれて、〝医者要らず〟の別名もある。「お腹が痛い」と言えば、ゲンノショウコを煎じて飲まされた。煎じて飲むと〝現の証拠〟があるほどよく効くので、この名がついたとされる。外傷にはすべてドクダミを使用した。生の葉を揉んだり火にあぶったり、また表面の薄皮を剥してから、患部へ張ったものだ。花はいずれも清楚で可憐である。

花に興味を持ったのは、北海道の荒地に立ったとき、無数のスミレが咲いており、清楚で気品があり可憐なのに感激したことがきっかけでした。一株と思い引き抜いたら、地中で根がつながっており、周辺のスミレが芋づる式に抜けたことには驚きでした。ツクシンボとスギナ、フキとフキノトウは一見すると別な植物のようですが、スミレのように、地下でつながっている同じ植物だと後で知りました。パンジーの元の形を持ったキングヘリーは、原種のスミレに一番よく似ているのは当然としても、ルビーやゴールドのような派手な改良種がもてはやされて、清楚で気品ある可憐な原種が忘れ去られてしまったのはまことに残念である。

花も風景も美しいのは、

その美しさを通して、人間の愛を育み、
　大きくすることなのです。
（エマソン）

花は、離れて見ては単なる平面的な美しさが頭をよぎるだけですが、近くで観察するような態度で見ると、美しさや可憐さが迫ってくる。その不明な精巧さと香りが驚きであるとともに、花の単純な行動とは反対のこの精密な構造は、自然、否、宇宙の秘密を示しているような気がする。自然も宇宙も行動は単純だが、そのメカニズムが複雑であることは、自然の支配下にある花の色彩や形状のみならず、花びらや花粉の規律正しい造作や数を見ただけでも知ることができる。その不明な精巧さの裏には、自然の秩序・統制・支配などに関するそれぞれの機能と、連関があるように思えてくる。それぞれに独自の機能を備えて、種の保存と維持をその本能として、開花を目的としてほとんどがその結果を出しているのに対して、人間は、それ以上の精巧な機能を有しているにもかかわらず、個性を発揮して結果を出すことは少ない。

根岸森林公園のおおきな木

6. 根岸森林公園

京浜東北線・根岸駅より徒歩で二〇分くらいである。駅前の広い道路一六号線を右（関内・桜木町）方向へ三〇〇メートルくらい進むと、左折する道路のわきに石の急階段が見える。その上に〝白滝の不動明王〟の社（祠）がある。このきつい急階段を、今は水脈の細い滝を左に見て上るが、社のあるこの山の中腹から観る眺めは、根岸の町を一望できるものの、今は高速道路が空を走る。右わきから真前の細い階段の坂道を進むと、広い道路に突き当たる。その坂道を上りきった（バス通りの）真正面が森林公園である。左に、「馬の博物館」・根岸競馬記念公苑〟があり、馬に関心のある方は必見である。〝ポニーセンター〟では、馬場を駆ける勇姿をみて、ポニーなどさまざまな品種の馬と直接触れ合うことができる。

この公園は、芝生だけという単純さが魅力である。尾根道（バス通り）より下り、谷戸へ広がる芝生は、稲穂が一面に続く田んぼの純一さに相通じるものがある。ゴルフ場のように、この純一さを求めてやってくる人は少なくない。

ビルの一角の私の小部屋から見えるものは、桜の老木二本とそれに挟まれたヒバの木の一部分である。まさに額縁に納められた変化する木の絵のようなものだ。もちろん花の盛りはみごとであるが、圧巻なのは花の散り際である。一陣の風、白い花びらが吹雪のように舞い落ちる。地面は真っ白に、私のベランダをも白く彩る。隣は病院であるが、その白衣姿の看護婦と花吹雪はまことにお似合いである。枝間から見える青空は、無限に広がる私の空想力を満足させるが、視覚を満足させることはできない。私の視覚は広々とした空間を求めてやまない。それは海であり山であり、広大な稲穂の田んぼであり、そしてこの森林公園である。

朝夕がまだ寒い小春日和のある日、広々とした空間を求めて、根岸森林公園へ足が向く。ゴルフ場のように広い公園の芝生に立つだけで、気持ちが晴れ晴れとする。まだ冷たい風が顔を吹き撫でるが、太陽の光はまぶしく強い。場所を木陰に変える。芝生が低地へ下る谷戸の中央を歩道が走る。子連れのママさんグループが輪をつくり、お弁当を食べたりおしゃべりをしたりと、忙しなく口を動かしているが、晴れやかな笑顔は絶えない。さぞや、子育てや家事から解放される貴重な一時であろう。

千鳥足の、転げまわる、四つん這いの、少し遠くへ散歩する幼児と、この公園の芝生はのびのびと遊べる最高の環境になっている。このような光景を見ると、日本の未来も明るく映る。読書する老夫婦、寝そべっている若い二人、体操する人、走りこむ人、そして犬と戯れる人等々と、芝生で我が家のようにそれぞれ思い思いのことをしている。啓蟄のように人も動き始めたのか、春の息吹が音を立てて迫ってくる。ここには、人と自然との生の躍動が感じられる。

自分も大の字になり桜の大木の下より上を見ると、晴れわたった青空に、神経細胞のように張り巡らした枝々が、大きく芽を膨らましている。隣の小さな梅ノ木が一年の結実を披露しているが、その先方の数本の老木は、すでに一年の幕を下ろそうとしている。いかに老いぼれても、必ずや美しい花という結果を出すことに感嘆するにつけ、人もこうありたいものとつくづく思う。

ふと思い立ち、写真機を取り出して仰向けのまま、木の真下から大きく膨らむ蕾を撮る。澄んだ青空を背景に枝々は冴え、写った見慣れない情景には新しさが混じる。舞台の演技者を舞台裏から撮るようなものであるが、演技者の後姿よりも、観客の表情がはっきりとよみとれる。会場（観客）の雰囲気がそのまま演技者の動きに反映する。このとき主役は、演技者ではなく観客となり、演技者も観客の一員となる。主客同一。観客が演技者を晴れやかなものにするように、観るものが対象を熟知するとともに、ほんの少し位置を変えるだけで、対象物は輝く。

梅の花は、新鮮な感興となり驚きとなる。「花は心」であるという世阿弥の「目前心後」の言葉が頭をよぎる。

立って、座って、寝転んで、逆立ちして、歩いて、走って、自転車に乗ってみる景色はそれぞれ違うように、自分の位置や立場を変えることにより、その考えや印象はガラリと変わる。人は、〝いかにちっぽけな一点から物事を見ているか〟を想起するときに、その人の思いは広がる。そして、その「一点」に、深さと幅を加えることにより、先方がよく見えるようになり、さらに対象は新鮮に輝く。この森林公園のように、広い思考と寛大な心で物事を見るならば、社会はもっと住みよくなるはずだ。

人は先を見て進むのが常道ですが、前を見ずに後ろを見る人が多い。前にある目は先を見るためにあり、足は前に進むためにあるのです。後ろを見ては思考は進みません。進まないだけではなく思考は後退します。後退した思考には暗さと低迷だけがあります。そんな時には、広々としたこの森林公園を、前をよく見て無心に走ることです。思考は行動に付いて行くものであり、思考のみでは無に等しいのです。行動はすべてに勝ります。行動なくしては始まりも終わりもありません。始めも終わりもないのは自然の姿ですが、生も死もすべては、青空の雲のように、永遠の時間の流れに乗る一時の表れなのでしょう。そして、梅の花のようにこの一時を輝やかすために、私たちは生きているのでしょう。従って、暗い思考は行動とともに自然へ放そう。

年をとると心は内へ内へと向くが、体は外へ外へと向けよう。明るい光は心を解き放し、笑顔を誘引します。忘れかけている笑顔は心の表れであり、花が自然のシンボルのように、笑顔は社会のシンボルなのです。笑顔を心に宿して、年をとった人は楽しかった過去を思い、〝自分が好きなことだけをする〟ことです。そうすると、自分も周りも明るくします。

外周を歩くことにする。〝歩くこと〟いわば散歩は、〝宿なし〟に由来するという説から、〝特定の住処を持たないが、どこにいようと、同じようにくつろいでいる。〟と解釈するならば、西行や芭蕉の〝長い旅〟のようなものであり、その深い思いに共通するものである。さらに進めて、散歩は、異教徒から聖地を奪い返そうとする一種の十字軍遠征とするならば、解釈においては大人と子供くらいの差はあるが、毎日の散歩であろうとも、そこに好奇心や冒険心を抱くならば、昔も今も精神は同じであろう。散歩には金は不要であるが、時間と自由、そして独立心が必要であろう。とくに、時間は〝宇宙の意思〟によるものであるから、大切にしなければならない。

精神がない毎日の散歩は、時間を無駄にすることになる。時間の無駄遣いは金の無駄遣いよりも罪深いのは、常に輝く永遠に傷がつくからである。

左右木々が立ち並ぶ歩道は、ジョギングする人や黙々と歩く人で行き交う。開花を待つばかりの多くの桜の木は、時間を急かすかのように、枝先の一蕾だけを開花させる。そして、音のない賑やかな蕾の会話が、静寂を震わせ天空へ広がる。芽吹きから寒い時期を経ての鍛錬は、まもなく並木道を絵のように飾る。その前に、小さい草花が開花の競演を披露するが、それは華麗ではないが、まことに可憐で控えめである。よく気をつけないと見過ごしてしまいそうであるが、スミレのように可愛いものは、不用意に咲いても目にとまる。春の息吹の祭典は既に始まっている。

一定の間隔で設置されてある水道を、よく使用しているのを見ると、造る側の心遣いがしのばれる。私も顔と手を洗い側道の椅子に腰を下ろす。ふと先方の芝生へ視線を移すと、若い女性が犬と戯れているが、どうも様子が変だ。定かには見えないが、犬の後足の部分が、車のついた箱板に固定されている。痛々しいその姿とは無縁のように、元気よくはしゃいでいる様子を見ていると、胸にこみ上げるものがある。この自然の天空の下、すべてを吸収してくれるような、広い純一な芝生の役割は大きい。

7. 県立四季の森公園

JR横浜線中山駅南口より→緑区役所横の四季の森プロムナードを経て徒歩十五分
TEL：045（931）7910

自然は永遠に変動するものであり、今の姿は一時のあり方である。
　生も一時のあり方であり、死もまた一時のあり方である。
生死は、時という一直線上にあり、繋がりを持っている。

冬の寒さと夏の暑さがあって、素晴らしい春と秋があるように、
そのありかたにより、生も死も永遠の輝きをもつ。
春・夏・秋・冬と、〝永遠の真実である四季〟のように、この〝四季の森公園〟は
永久に存続することを願うものです。

(春)、右に小川アメニティーのせせらぎを聞き、辛夷並木通りのプロムナードをゆったりと進むと、欅をかたわらに〝桂の門〟が迎えてくれる。石と欅のオブジェを前にして、左のゆるい坂道を進むことに決める。石を多用している【じゃぶじゃぶ池】は、和洋折衷の庭園風である。大きな岩の間から流れ落ちる湧水は、細石を敷き詰めた平地を舐めるように流れる。大きな岩を左右に配して流れるその浅瀬を、裸足でじゃぶじゃぶ歩くならば、心も童心に帰ることだ。水と石＝動と不動という自然(宇宙)の大道具は、人の心までも支配している。

進路を左にとると、【ふるさと村】の懐かしい風景が眼前に現れる。整然とした稲田が五枚程、春のぬくもりを受けて、田植え時期を静かに待っているようだ。田んぼは、寒い冬の期間を経たにしても、整然とした素朴さの中に、人の温もりを宿している。

ワークセンター脇の階段を上るが、九三段と表記している心遣いがうれしい。薄暗い雑木林の中で、白い花をいっぱいに咲かせている辛夷が際立つ。スミレなど足下の草花が我先に目覚め、鳥は晴れやかに歌いだし、向こうの運動場から元気な子供の声が響き渡る。啓蟄は虫だけではなく人間も同様、すべては春へ向かって動き出したようだ。大きく膨らんだ芽を抱える樹々は、自分たちの出番を待っている。

前の階段を下ると【山の広場】であるが、今が盛りである辛夷が、白い花をいっぱいに開き、一年の結実を誇示している。少し離れたところに立つ秋ニレは、毛細血管のような枝々を天空に張り巡らして、なにか情報を得ようとしている。梅は盛りを終えたものの、まだ美しい姿を保っている。その向かいの染井吉野は、芽をいっぱいに膨らましして開花時期を待っている様子だが、もう一度寒さの洗礼を受けそうだ。それぞれの個性で彩る草原を後にして、〝ふるさと〟の森へ向かうその階段のそばの、小さな梅ノ木の満開が目を引く。

エゴや桜の木を見ながら尾根へ、さらに大きく谷戸へ下る。細い枝を天空へ張り巡らしたケヤキが、休憩所を暗く覆う。ムク・シラカシ・コブシ・コナラなどの木を左右にして、シャガが群生している平坦な道を進むと、長い急坂の階段が待っている。大きなムクの老木が、私を励ますかのように上空で大きく揺れている。クマのミズキとクヌギのある階段を上り、森の連絡橋をわたると〝南口広場〟となる。目前の噴水が、強風に煽られて水幕を張るように横へ流れる。

強風のため展望台を後にして〝ちびっ子広場〟へ、この広場の右側から、【紅葉の森】への急階段を下りる。谷戸が平地となると、山紅葉並木のように多くなるが、青々とした葉は夏の盛りを表す。ミズキ、ヤマザクラ、クリ、コナラ、コデマリなどの雑木林の中を抜けるこの道には、懐かしさと心を癒す雰囲気が溢れている。特に、シナサワグルミという大木が横たわるところは、奥深い趣と静寂を押しやる蝉の声が、森を覆う。その喧騒の間に、枝葉やドングリの落ちる音が闖入して、秋の気配を運ぶ。

落葉と枝と蝉の死骸が、土壌づくりと自然への奉仕に怠りないように、自然には何一つとして無駄なものはない。すべては土へ返り、すべては土によって育まれる。紅葉の森を出たところの休憩所から、広い湿地帯と菖蒲田が見渡せる。その菖蒲田の中を、幾何学的な木橋が斜めに走る。自然と人工の妙であろうか、不自然さを感じさせないだけでなく、自然に溶け込み、より自然らしくなっている。菖蒲田のわきの伸びきった雑草の中に、あちこち紫の露草が顔を出す。常に脇役の露草も、花の時期の過ぎた今は主役として輝いている。満開時の菖蒲田を想像してまた歩く。想像が想像を重ねると、想像は現実味を帯びてくる。

【花の木園】を歩くのは初めてのせいか、興味が歩行を軽やかなものにする。一定の間隔で、力強い水音と回転音を立てて、さも昔日を偲ぶかのように、水車がゆっくりと回っている。今は静寂を湛える水車小屋は、昔は賑わいの場所であったろうと想像される。すでに来期の力を蓄え始めているヤブデマリ・ミズキ・ヤマグワ・ヤマザクラが並ぶ歩道を進むと、緋寒桜・紅梅・梅などがある〝花の木園〟である。木々の間に置かれた大きな平たい石、贅沢な腰掛であるが、苔むした様子からするとほとんど使われていない。「今は人気のない寂しい所となっているが、開花時には賑わいをみせることだろう」と思うものの、『花は盛りに、月は隈なきをのみみるものかは』の言葉が、わびた光景を蘇らせる。石に腰を下ろし、駅前で買ったおにぎりを頬張る。

山にはおにぎりが一番お似合いなのはどうしてだろう？〝人が心血を注いで作ったもの〟だからか、〝人と自然が作った最高傑作〟であり、〝人類を支え育んできた食料〟だからか、等々思い巡らす頭上に枝葉の落下が絶えない。落葉と蝉の声の間に、夏が去り秋が来ようとする、季節の移り目が見える。腰掛けたそばに、淮木のように気ままに伸びたアザミが、自己を支えきれなくなったのか倒れている。自然にも栄養過剰はあるのか、はたまた、文明生活の悪い一面が忍び寄ったのか……腰を下ろしているこの石は、過去の栄光を思わせるものの、光沢を失って汚れている今が、静かに自然に溶け込んでいる。

それにしても、入り口やじゃぶじゃぶ池やここの石と、野外ステージに展望台と滑り台等々、費用と手間が掛かっていることを思うとき、県立と市民公園との差は大きい。この〝花の木園〟の、否、すべての背後に人の影が見えるように、自然の中にも政治の力が見え隠れする。

金を掛けたぶんだけ自然が生かされるというわけではないし、また殺がれるというわけでもない。自然とはいえその地域の特徴や雰囲気を表す場所があってよいし、それが地域の財産となるに違いない。創る側の深慮と創造力によるが、それは、その場を殺すか生かすかという極端な形で現れることが多い。しかし、それがいかなる不自然なものであれ、永久なる時間というものが自然なる一へ帰す。したがって、いかなるものも自然と一つにならないものはない。

谷戸から尾根道への一二九段の丸太階段を上る。カツラ・エノキ・シラカシと名札を見て歩くもののなかなか区別にいたらない。「四季の森公園は、常緑樹のシラカシを主体にした『自然ゾーン』と、落葉樹のコナラ・クヌギを主体とした『里山ゾーン』の大きく二つに分かれる」のような説明書きは、想像力が幅と深さを持つのに十分である。

モッコを担いで歩く旧き人を想いながら、山道を進むと、遠い古代も平安時代もすぐ目の前だ。自然を通してならば、歴史上の長き千数百年も、自由に散歩できる。

〝ちびっ子広場〟の左脇から、今度は〝紅葉の森〟とは反対側の谷戸へ下る。シラカシが迎える急な丸太階段を、曲折しながら下ると【不動の滝】がある。滝の流れを石が囲い小川へ誘導する。心の安らぎを実感しながら、雑木林の中をせせらぎとともに歩む自然の山道は、その情趣を増幅する。絶えることのない湧水と山の恵みをはじめとして、すべての事象は神によるとするように、〝不動の滝〟は山の神への感謝の印だ。

子供心を抱き懐かしい山道を終えると、大きなシラカシの木と休憩所がある前に出る。左は深い枝谷戸のようだが、見覚えのある風景を前方に躊躇なく真っ直ぐ進む。

山道と木橋を左右にしてその中央を、前方を遮るほど伸びきったヨシが続く。クヌギ・ヒノキ・スギと続き、左にシダに覆われた杉林が見える。杉林と竹林の状況を見ると山の良好はほぼ知れる。一般的に、暗い谷戸にはシダ類、比較的明るい山道と尾根道には笹類が下草となり、そこにアオキが混在するのが山の常態のようだ。

ミズキとコナラの門を過ぎるとヨシの群生も終わり、その前の溜池に、花の終えた睡蓮が生き生きと浮いている。咲き乱れている清楚なコスモスが、花のない素朴な環境を飾り、風に揺られながら秋の来訪を告げる。あし原湿原に続いて現れた、明るい【春の草原】の中を小川が流れる。そばにコスモスが咲き乱れ、人が憩う。絵のような風景は、平安時代の庭園を髣髴とさせる。自然は、やはり時代を超える。

静の草原から動の池へと歩行が進む。対岸にいる十数人の視線が一ヵ所に集中している。鯉やカモの泳ぐ池の端にいるカワセミが、可憐な美しさを放っている。カメラや望遠鏡を手に取る人、望遠レンズを覗く人、歩行を停めて見る人のように、音のない動きを一手に引き寄せるカワセミは、体は小さいが人気は大きい。カワセミがさっと飛び去ると、終演で席を立つ観客のように、緩む空気の中見物人も動き出す。賑わいの中、池の水辺で甲羅干しをしている亀は、時の流れに無頓着のように微動だにしない。

「菖蒲園のハナショウブを見ないで〝四季の森〟は語れないにしても、種々の生き物が好む色々な環境のように、人が好むすべての自然環境を備えた公園である」と言える。そして、展望台・滑り台・野外ステージと人の利用価値が広がるものの、池の前に立ってみる懐かしい谷戸風景には、若き心を引き寄せ、老いの心を引き込むような無限の広さがある。

8. 新治市民の森

〒226―0017横浜市緑区新治町1175
☎045（311）2016・北部公園緑地事務所
JR十日市場駅からバス23系統若葉台
中央行「郵便局前」下車。徒歩五分。

【緑被率】四四・三％と横浜市では一位を誇る緑区には、新治市民の森をはじめ、〝県立・四季の森公園〟や三保市民公園があり、近くには〝横浜動物公園（ズーラシア）〟がある。JR十日市場駅より徒歩十五分で【にいはる里山交流センター（旧奥津邸）】（新治町八八七・☎九三一―四九四七）に着く。前の急階段を下ると、江戸時代末期に建築されたという、旧奥津邸の長屋門が迎えてくれる。土蔵とともに横浜市認定歴史的建造物のある、ここ里山交流センターは、新治市民の森の玄関としてまことに相応しい。

新治市民の森

（九月初旬）新治小学校前の道路より、堰に沿った細い道を右へ入る。小さい実を無数につけた柿の木を過ぎると、徐々に暗くなっていく森の中へ進む。前の旧奥津邸は、文明と自然の境界であり、あの急階段は森へ入るための通行許可所のようなものだ。「外面だけの文明の真っ只中にいても、森の中で原始と辺境の暮らしを思い、自己の心に眠る開拓精神を引き出すのも、決して無駄ではない」とする古い考えを持ち出すような、奥深さがこの山にはある。太い杉の木が光を求めて天空へ伸びるように、私の老いた心も光を求めてやまない。暗い谷戸においては下草はシダ類と思っていたが、ほとんど笹である。杉林に細い竹が生えているところをみると、ここにも勢力を伸ばそうとしているのか、杉の木に光を遮られての成長は、太さを犠牲にしてのものだ。身長だけが大人並みに伸びた子供のようなもので、現代社会の様相を現す。文明社会は大人と子供の垣根を取り払う。

便利な文化生活は、自己を向上させたような気持ちにさせるが、自己が向上したのではなく使用する道具が進歩したのだ。立派な道具で身辺が変わっただけであり、自己は何も変わっていない。文化生活は外面の装飾であり、内面を飾るものではないから、人間の本質を変えるものではない。人間の本質を変えるものは自己の行動であり、「何をするか、何をしたか」によって、その人の価値が決まるように、仕事が自己を変え人生を決める。

金でも立派な家でもなく、自己を変えていくのはあくまでも自己の努力である。仕事の充実は、真の喜びと豊かさをもたらす。真の喜びは仕事の後に来るように、金も後からついてくる。先ずは仕事、仕事、仕事だ。仕事を追い求めなさい。金を追い求めては人間を見失う。〝なにかをするために金が必要だ〟ということが許されるのは、金が手段としてあるときだ。あくまでも金が手段であり、目的は仕事である。

笹で覆われた山道を曲折しながら尾根道へたどり着く。あい変わらず笹が多い。絶えたかと思うと、今度は両側の斜面を覆い尽くすほどの竹林が現れる。天空へ向く数本の杉の木に負けじと伸びる竹は、下草が全然生えていない地表を、その白い笹の葉が覆う。他の植物をまるで寄せつけない白々とした竹林の雰囲気は、まさに異郷の地だ。想像以上の竹の生命力と繁殖力は、自己の領域を徐々に広げている。進む先に、競争に敗れた細い竹がたくさん倒れている。競争に敗れたというよりは、〝仲間全体のために奉仕する固体の崩壊〟と言うほうが自然流であろう。竹林を上りきると、右手に旭谷戸の里山光景が見える。幾重にも重なる木の葉の柔らかい道を進むと、下り道が走る斜面へまた竹林が広がる。表示板を見ると、向山を過ぎて油窪のようだ。道は下るが竹林はさらに続く。これでもか、これでもか、これでもかと出現する竹林は、山を占領してしまうほどの勢いである。竹林が増えるとどのような影響を山に与えるかは知らないけれども、よいことではあるまい。

孟宗竹は仲間の真竹を殺すと聞くように、また、他の植物を一切寄せ付けないという、剛直な排他性が強い。山の問題として憂慮すべき事態のようだが、異国的な情緒は人を引き寄せるものがある。竹の需要が急減してから何年経つかは知らないが、需要喚起対策はないのでしょうか。かつて親しみがあった竹も今は山の厄介者か！

森工房を経て見晴らし広場へ向かう。竹の根が縦横に走る上り坂に続き、若き竹の明るいトンネルが導く。出口にある極太の杉の木が、小さな杉を従えて、整然とした短い並木道をなしているが、道を縦横に張り巡らす木の根が、鎌倉の山道を想起させる。尾根道になると、青空が見えて空間が明るさを取り戻す。下り道をおりきって、観察路とある〝検見坂〟を経て、〝池ぶち広場〟にて休憩を取る。広い休憩所には、深い谷戸の静寂と蝉の喧騒が入り混じるが、蝉の声が消えると広場のすべては静寂の中に眠る。吸い込まれるような静寂の中で、風に誘われた萩の揺れのみが、谷戸の動きを表す。静寂と沈黙は同一であるが、背景とする場によって、私流に使い分けている。すなわち、公園や里山のように浅くて薄いときは静寂、奥深い森林や宇宙彼方のように深くて濃いときは沈黙としている。自然に色々な顔があるように、静寂と沈黙にも色々な顔がある。沈黙の世界から出る言葉のように、静寂から発せられた蝉の声がふたたび谷戸を覆う。沈黙の中にはあらゆるものが孕んでいて出てくる機会を窺う。沈黙とともに〝無限なる創造力と可能性を秘めた〟宇宙は、神や仏や科学をはじめとしてあらゆるものを、自然を介して人間社会へもたらす。この素朴な自然にはその神秘が隠されている。私は、ごく平凡なものを胸に抱き、小鳥や野の花に心を動かし、夜空にいつも胸をときめかし、ごく自然の風景を見て常に驚いていたい。なぜならば、自己と最も密接なものは、目の前の自然と遠い宇宙なのだと、死を迎えるときまで頭に刻んでおきたいから。

〝へぼそ〟から旭谷戸へ向かう。広い杉林には、勇壮な山の深さとより自然らしさが満ち溢れる。谷戸へ下るにつれて、一様な杉の生長の下に、常連のシダ類が斜面を覆う。栗畑の大きな木が実をつけてはいるが小さく少ない。六尺道なる山道には、温もりと懐かしさがあり、里山の雰囲気が心を覆う。古人が敷いた道を歩くのは、いささかの冒険心をともなって、生活の原点を思うこととしては十分だ。「歩くこと」（散策・散歩）は、西洋と日本では反対の作用をしている。西洋では、異教徒たちの手から聖地を奪還しようとする一種の十字軍遠征であり、西へ西へ向かう開拓者のように、いずれも精神は外へ外へと拡がる。日本では、心身を鍛錬する修行僧・修験者であれ、諸地方へ行脚する西行・芭蕉などや他の隠者であれ、精神が内へ内へ向く人間修業であった。しかし、東西を問わず共通することは、「どこにいても同じように寛いでいる」という広大な精神を持つことであろう。現在は健康のためが主であり、〝散歩者〟のうちに精神性は何も見受けられないが、多くを占める時間と自由は、仕事をなし終えたものに与えられる特権であり、自然の配分であろう。精神性を極めることは、自然を見尽くすことができないように不可能であるが、それを可能に向けて努力することが人間の本質であるにもかかわらず、その精神性を置き去りにしてきたがために、人間も社会も停滞している。

若者よ！　古き良きものを大切にして、より精神を磨こう。その努力の輝きは若さの象徴であり、心の充足であり、それは真の幸福へ導く。森は満腹にはしてくれないが、新たなる精神で心をいっぱいにしてくれる。自然と文明は人間の父母であり、人間にとって必要不可欠のものだ。

「長生きのために健康でありたい」というよりは、「なにかをするために健康でありたい」と思うほうが、はるかに充実感がある。大方の人は、「苦労はたくさんしてきたから老後は楽をしたい」と言うに決まっているが、その楽とはなんであろうか。楽は甘いものであるが、砂糖は塩を加えることで甘さを増すように、苦があって楽が際立つのです。

楽は、楽のみでは真の楽とはなりえない。物事には、苦楽・愛憎……大少・天地等々のように必ずや対称・対極があるものです。自然と文明は対立するものではなく、自然があってはじめて文明が生まれ栄えたのであるから、自然は文明の親なのです。子は親の姿を見て育つように、人類は自然をよくみて学ばなければなりませんが、自然の中で文明を育み、文明の中に自然を生かすことが、それぞれが最も輝くのです。こういうことからすると、この森林や里山を背景にして生活をすることが最も理想と言えることです。

里山の雰囲気が満ち溢れる道に沿って続く畑は、谷戸が開ける先々まで延々と続く。明るい日光の下では作物の実りは多いが、周囲に生える雑草の成長も速い。大きい葉を揺らすレンコンと棚にぶら下がる？　の横へ広がる栗林、木は低いけれども実は大きい。枝谷戸の合流地なのか、旭谷戸はさらなる広さと深さを披露する。ヒメジョオンの白い花と伸びきった露草が、広ーい草原に最後の彩を添えている。目前の栗林は、りんごほどの実をたくさん抱えているが、実の重さに耐えられないのか、または収穫を催促しているのか、ドサッと音を立てて落下する。栗を食べる幼き頃の思いが頭をかすめる。草原でバッタや蝶を追いかけ、畑で芋掘りを手伝い、畦道の肥溜めに足を滑らしたことなどが、故郷の懐かしい風景とともに、昨日のように蘇る。

人間というやつは、一瞬にして昔に返ることも、未来へ飛び立つこともできるように、あらゆる時間のあらゆる世界を生きることができる。歴史・詩・小説という有益な本以上に、テレビ・パソコンという驚くべき文明の利器が、私たちをどこにでも連れて行ってくれる。こよなく自然を愛した万葉人も、この地の先住民も目の前にある。そしてまた、宇宙年齢四六億歳という宇宙感覚からすると、千数百年の平安時代も昨日のことだ。

太陽と美しい夜空を見なさい！　何億、何千万光年とすれば、人類みな同じ時間に同じ光を受けているようなものであり、自然を通してなら時間と距離はさらに狭まる。

過去が浮かび現在を見極めて、その明るい像が未来へ写ることは、光のようにすべては過去のものであるが、それが未来のものでもあるからです。過去は未来であり、未来は過去でもあるのです。自然と文明を現在という天秤にかけるようなもので、使用した天然資源と、形づくられた文明の総量と人類のエネルギー消費量とが合わなければならない。自然が重いことは有効利用の証明であるが、文明の総重量が重いことは、人口、エネルギーの使用量、消費の増大であろう。はるかに多い使用量は無駄であり、贅沢の習慣であり、放たれた欲望である。無駄といっても、純然たる無駄と、次へのステップのための予備的無駄がある。疲れると休憩するその時間が決して無駄ではないように、予備的無駄は、無駄にして無駄ではない無駄である。固形化した二酸化炭素を地中に埋めて、後で燃料として使用できるかどうか、私にはまるでわからないけれども、二酸化炭素の削減の必要性だけは理解できる。

人間も、自然のように意識を柔軟にして、思考は広く深く持つことである。そして、行動は意を込め迅速にしなければならない。静と動の宇宙原理を手本としてのことか、「心は静かに、手足は激しく」とする能における世阿弥の教えは、人間のすべてにおける動作の基本でもある。冷静な行動から生まれる力強さと変化は、常に変わる永遠性とそこから生まれる若さを持つ自然のものでもある。自然は人類の親であり、教師であり、永遠なる友である。

自然が常に変わるように、人生も変化に富んでいるにもかかわらず、退屈・倦怠そして惰性を持ち合わせている人は、金が無ければなにもできないとする心の無開拓者か、人生の多様性を味わい尽くしたと決め込んでいる人である。そういう人は意識を変えるべきだが、それは普通の人でもなかなか難しい。環境を変えても意識は変わらないが、行動を起こしてはじめて意識が動くのであるから、先ずは行動を起こすことだ。悩む人は意識が一点に集まり、焦点を得た光がものを焦がすように、意識が燃える時には先ずはその場を離れることです。

そして、一〇〇メートルダッシュを息が絶え絶えになるまで走り体を疲れさせると、意識は冷静になります。〝心は静かに、手足は激しく〟の金言の反対を行くことなのです。悪い意識を発散するために自然に向かうときは、山登りをしたり、海辺を走ったり、夜空を眺めたりとやはり行動を起こすことですが、「自然」は人間の弱さにも呼応するものだから、素直な気持ちを向けることです。環境は意識の従属物であるが、意識は行動の従属物だから、行動を起こすことがすべてなのです。

まだまだ広がる谷戸には、懐かしさが溢れる里山風景とともに、広い畑が追従する。〝新治谷戸田を守る〟の表示板に、ここに来て初めて見る田んぼに気づいたが、？とともに懐かしさが案山子へ向かう。その田んぼに隣接して、〝篭場園（栽培収穫体験ファーム）〟があり、さらに〝旭谷戸農園〟が続くように、田んぼがほとんどで畑が少ない他地域に比べて、野菜畑がほとんどを占める。ナス・トマト・ネギ・ニンジン・ジャガイモ・大根と、野菜はこの土壌に合うものとみえる。身近なものに親しみも湧く中で、大きい葉が揺れるレンコン畑は視覚も満たしてくれる。

それにしても、これほどの谷戸風景と里山風景をもつ〝新治市民の森〟は、規模と雰囲気においては抜群のようだが、田んぼが少ないのはどうしてだろう？　田んぼや畑の自然の中での位置づけによっては、広大な田園風景にも魅力が溢れる。

『市内二三番目の市民の森であるこの森を含む一帯は、「北の森」と総称される市内屈指の緑地帯です。クヌギ・コナラ林やスギ・ヒノキの山林に、谷戸が複雑に入り組む景観は、横浜の原風景と言えますが、市内では残り少ない貴重なものになりました。』（案内板）

〝新治市民の森〟の正門と思われる入り口の案内掲示板を見て、今度は〝鎌立谷戸〟へ向かう。民家の並ぶ道を谷戸の奥へ進むが、人気がまるでない。自然の中に融けこんで人も家も静寂の中に眠っている。家並みの最後の家を後にしてから、谷戸の趣がガラリと変わる。

紅葉の木が立つ背後の遊水池から堰へ流れ落ちる音が、一帯の静寂を後押ししている。柔らかい山道が続く右側の荒地に、大きい庭石が散在する。葦に囲われたその隣の池は雑木林に連なるが、庭園の面影がはっきりと残る。取り残された池の鯉が昔を偲ぶかのように飛び跳ねる。ポッチャーンと余韻を残して波紋が広がる。あわてるヤゴの小さな波紋は消える。静寂に亀裂が走る。荒れた岸辺ではなにかが動いている。静寂に満ちた地上とは反対に、水中では生存競争で賑わっているようだ。思い出したようにまた鯉のポッチャーンが始まる。静寂は逃げてはまた押し寄せる。鯉と静寂の鬼ごっこは限りなく続く。

リヤカーでの運搬のためか、六尺道の山道に重なる新たな落ち葉が、秋の進行を示す。振り返れば、懐かしいこの道は、額縁の絵のように調和のとれた構図が、過去の幼き思い出へ続く。ぬくもりの感じられる山道を尾根へ向かって進む。造作された上り階段の後ろに人の影をみながら、根の張り巡らした尾根道に出る。満倉谷戸と菖蒲谷戸を左右にして、杉の多い雑木林をドンドン進む。

里山風景・田園風景を擁する谷戸風景の中に立つと、ホッと気が開放されるのは、気づかない不治の病、つまり、文明病という一種の病気に掛かっているからです。このような素朴な懐かしい風景の中を、〝皆さん大いに歩きましょう！〟〝心も軽くドンドン歩きましょう！〟腕を振って、足を揚げて歩けば、病は癒され、老いは森へ隠れます。

9．寺家ふるさとの村

横浜市青葉区寺家町８３４外寺家ふるさとの森は、土地所有者の方のご協力により、豊かな自然を保全し市民の皆様に憩いの場を提供しているものです。

黄金の稲穂

横浜市緑政局北部農政事務所（948—2475）
横浜市緑政局緑政課（671—2624）

四季の家の前の陸橋に立つと、広大な稲穂の世界が視野に広がる。昔の港北駅前や戸塚区俣野町などの、広大な黄金色の田んぼが蘇る。北海道や地方では珍しいことではないが、横浜市では貴重なものとなった。爽やかな風と快い音を運ぶ一面均一な黄金が、感覚をゆすぶり、稲穂の波が懐かしい思いを誘う。左右には山が連なり、遠方には山が重なる。奥深くて広い谷戸はすべて田んぼ。

『田んぼ・田んぼ・田んぼ、これが田んぼだ。これが昔ながらの田んぼだ。心に残る懐かしい田んぼだ。この田んぼを私たちは今も作っているのだ。どうだい！　大したものだろう』。と、田んぼは語っているようだ。

高台にある熊野神社を見上げながら熊野谷戸に入る。純粋に通じる田んぼと杉の木は、神社の儀式にふさわしいものだ。古木名木の指定をうけた大きい杉の神木が、私を迎えてくれる。一〇〇年経ってようやく青年期になるヒノキや、五〇～六〇年でも稚樹という成長が呆れるほど遅いヒバに比べると、スギの生長ははるかに速い。しかし、樹齢七二〇〇年といわれる〝紀元杉・弥生杉〟などの屋久スギがある。屋久スギとは、一〇〇〇年以上生き続いてきたスギだけをさす敬称であり、一〇〇〇年以下の天然スギは小杉と呼ばれると聞きますが、それではこのスギは孫杉ということになるのか。〝千草苑〟を経て〝熊野池〟へ至る。二〇人近くの人たちが、等間隔をおいて水面に視線を落とす。

へらと格闘中の人、それを羨ましそうに見やる人、退屈そうにお茶に手をのばす人等々の状景を見るのは、部外者の特権か。釣堀が少なくなった今、釣りの快感を思うとき、釣り人への羨望が走る。五つの池のうちで（へら池として）開放しているのはここだけと聞く。

雑木林のあずまやを左に尾根道へ向かう。まもなく終わろうとしている夏の象徴に、強い哀愁が混じる。静かに迫る秋の気配に己の最後を飾る。空しく消える蝉の声は、永遠への道中の一時だ。左の急階段を上り熊の橋を経て尾根道に出る。広い尾根道は、静かな心を誘い木漏れ日がまぶしい。肌を優しくなでる秋風が通り過ぎるなか、蝉の鳴き声とドングリの落下音が絶えない。季節の変わり目は、贅沢なことに、二季節の終始の場面を披露する。コナラやケヤキなどが混じるなか、根元から数本延びる古木の桜が、年代を重ねた趣を随所に現す。俯瞰する深い谷戸の明るさが、この道の温もりを増幅する。この場所は、旧き人たちの歓楽（花見）の場所であり憩いの場所であり、そして神聖な場所でもあったと思われる。自然の語らいを聞くための腰掛があちこち設けてあり、自然への愛着が偲ばれる。温もりが満ちてくる自然らしいこの森は、噛めば噛むほど味が出るように、歩けば歩くほどよさが現れてくることだ。

根を張り巡らす起伏の激しい尾根道には、常連のアオキはなく、笹（クマネササ？）とさがり一面に生えるシダ類だけだ。ここでも竹とササが勢力を伸ばしているようだ。ササで覆われた尾根道を進むにつれて、ササ竹は徐々に高くなりササトンネルを作り、終には竹林となる。桜やドングリの木などの間に隙間なく生える竹は、どこまで勢力を伸ばすのか……。

右の急階段を下る先には、やはり木々の間に竹が混じる。谷戸から尾根の光を求めて真っ直ぐ伸びた均一な杉林は、同一の歴史と年代を持ち、それはあたかも、過去・現在を背負い未来へ成長し続ける、永遠への示唆のようだ。杉林の道に沿って現れた湧水の細い流れに導かれて、柵で囲われた〝大池〟に着く。

川のように細長い大池は、水上に浮かべた無数の枯葉と戯れる。ゆらりゆらりとすすむ枯葉は、いつの日かを期して岸辺へ乗り上げる。一つの目的を立派に終えて、次の目的へ歩むためです。個々にいくつもの役目を要求して自然は循環するように、人間の文化生活も循環するものならば、地球の環境問題は解消され、地球上における人類の永続が保障されることです。

水面に頭を出した木杭に、三匹の亀が重なり甲羅干しをしている。大人の・子供の・赤ちゃんの亀であろうか、〝亀の池〟と言っていいくらいたくさんの亀が泳いでいる。「ここの主だ」と言わんばかりに、水面の木枝に上っている大きな亀を見て、「どこにも威張る奴はいるものだな！」との思いに、自ずと笑みがこぼれる。カメ、コイ、フナ、カエル、ヤゴそしてカモ等々が泳ぐ水上には、チョウとトンボが舞い、上空には蝉の声が広がる。この〝大池〟の静なるなかの活況は、人手による柵で囲んだ保全によるのであろうか。確かに、荒々しさと自然らしさの同居する水辺は、古い状態を保持していることを示している。

大池前からの長ーい田んぼは、出発点である〝四季の家〟の先まで続く。両側の歩道に沿う黄金の波は、日光を照り返し明るさを増幅する。無数のトンボが泳ぎ回るなか、チョウが舞う。セミの声は広い青空へ消えていく。稲を刈る人、草刈をする人、写真を撮る人、田んぼ脇の堰で戯れる親子、散歩する老夫婦、観光客等々の往来する谷戸は、まぶしいほどのこの田んぼのように、自然と溶け合って輝いている。活気あるこの谷戸は、寺家の宝であり、誇りであろう。

広大な純一さが一面に広がる田んぼに立つと、ホッとする、安心する。その一方、私たちに訴えるものがある。均一で純一な田んぼは、『単純（純一さ）へ戻れ！　自然へ戻れ！』と、単純へ、〝単純への回帰〟を要求しているようだ。複雑の膨張が破裂してもまた複雑は残る。〝複雑の究極が破裂である〟ことの繰り返しが、今の世界の実状だ。

海や空のように均一な単純さには、あきない美しさの上に限りない力がある。そこには、限りない成長力が秘められている。

田んぼは力である。まさに、人の力であり、自然の力である。

そして、農民の力であり、地域の力である。

〝継続は力なり〟のように大きな力である。

谷戸の中で、人と自然とが一つになっている。農業は生きている。谷戸一面に輝く稲穂の波が、如実にそれを物語っている。人類が史上に現れたときから育んできた稲穂の波は、人類が滅亡するまで続かなければならない。

これは、〝文明の波〟・〝時代の波〟にも、決して屈しない〝稲穂の波〟である。

10. 印象に残ったところ

★都筑中央公園……

港北ニュータウン土地区画整理事業により生まれたこの公園は、緑豊かな【鴨池公園】や【茅ヶ崎公園】へ誘う。これらを結ぶ緑道が〝ささふねのみち〟であり、それは独特な景観と雰囲気を所有している。せせらぎと雑木林という谷戸風景の常連に加えて、寺院や集落などが残る里山の風景が心を癒す。陸橋を頭上にする光景は、日本のものではなく異国を歩んでいるような感じである。この独特なものは、この町の個性であり財産であろうか？　竹林などの手入れなどはよく行き届いているのですが、施設をはじめ造作など全体

大岡川の桜並木

的なものが、〝四季の森〟公園に相似しているので、勝手ながら割愛させていただきます。

★大岡川の桜並木……

弘明寺（港南区）から桜木町の弁天橋へ続く桜並木は、横浜では一、二を争うものだ。満開時は圧巻であるが、ゆっくりとは見ていられないほど人出もピークとなる。頭上の桜というよりは、対岸の桜を見ることになるが、今にも歓喜の声を発するかのように、花の群れは盛り上がりを見せる。花霞、花曇という言葉の通り、満開時には花の周りはどんよりとする。「花は盛りに、月は隅なきをのみ見るものかわ」と言った、兼好さんの言葉のように、満開も花の一時の姿であり、蕾から散り際までが花の生涯の姿であるように、それぞれの姿にそれぞれの美しさがある。自然は、春・夏・秋・冬とその全体性を見なければ、真の自然の姿がわからないように、花も木もその全体を通して見なければ、その美しさはわからないという考えは、古今東西みな同じようである。すなわち、物事は、一部を見るだけでは正しい判断ができないのであるから、自然のように〝全体を見なさい〟、という意味と同時に、日常性に価値を置き、平凡なものに美しさを求め、それを強調しているのであろう。

★鶴見・馬場花木園↓

「豊かな緑に囲まれた、市内では珍しい和風の庭園です。池の周りを中心に、これらをはじめ、四季折々の花々を楽しむことができます。（横浜の自然・エコマップより）」

三月六日（土）雨、JR・鶴見駅西口より菊名行きのバスにて、〝馬場谷〟停で下車、徒歩三分ぐらい。ごく普通の邸宅の門をくぐると、（邸のない）大庭園が広がる。すぐ目前に茶室があり、露地があり、そのそばには大きい池が横たわる。池の背後には、木々に囲われた茅葺屋根の家が二棟、その間に鋭い三角屋根から煙突が突き出た家が建ち並ぶ。

これはまさに田舎の風景である。その煙突から煙が真っ直ぐに立ち昇る光景は、おぼろげな遠い昔に光を当てるが、その煙は懐かしいが旧いものではなく、新鮮なものとして明るい未来を指向する生まれ変わりのようだ。都会で見る思いがけないこの煙の光景は、物語の中のもののように不思議に感じられて、忘れられない一光景となる。大きな石で興趣を加味された池の端に、新しい木橋が幾何学的に走る。周囲に馴染まないさまは、自然の中で不自然を表しているが、それは時間の流れが解消する。いかなるものも自然に溶け込まないものはない。なぜならば、すべては自然から生まれたものだから。

周囲にある種々の草花には、丁寧に一つ一つ名札が付けてあり、まるで（有料）植物園のようでもある。散策路に添って植えてある種々の木には興味が尽きない。庭園の趣を増幅して、この小雨の中を飾り立てているのは、〝白モクレンとネコヤナギ〟である。

「白モクレン」が、蕾を大きくして直立している中には、寸前の開花の喜びを表すかのように小雨と戯れる。その近くの紅葉の細い枝々に、雨滴が行儀よく並び、花の代わりにキラキラと輝きを放つ。銀色の艶やかなネコヤナギが、やはり、雨滴を乗せて彩を増しているが、ふっくらとした花穂が重そうに揺らいでいる。

池に突き出た休憩所に腰をおろして、我が物になった庭園を見渡す。池では、カモの番が小雨のなか身動きしない。水面に写る樹々の影が細やかに揺れる。静のなかの小さな動きに、大きな鯉が加わる。挨拶をするかのように、ポッチャンという音とともに波紋を残して消える。

奥へ歩を進める。白梅のなかの紅梅、脹らむ花穂のかはやなぎに小鳥が止まり、大きく揺れて水滴が飛び散る。ここでは華やかな春が目覚めている。

「トサミズキ」、帽子を被り可愛い花房を垂れて、早くも一年の結実を終わるのか？

「サルスベリ」肌も露に筋骨隆々と力み、満を持しているようだ。

「シャクナゲ」青々とした葉先に大きく膨らんだ蕾は、到来の日を待ち望んでいるようだ。

「タイサンボク」大きい葉を上に向けて元気なところを見せている。

「クロガネモチ」無数の葉を持つ高木は、寒い時期に温もりを提供する。

ここにも、春の息吹が感じられるが、先ずは小さい花々が動き出す。

階段を上ると、手入れの行き届いた竹林が、他の木と同僚と競いながらも、太さを犠牲にして、高さだけは獲得したようだ。古木の染井吉野が、無数の蕾を抱いて、開花の日を期して大きく広がる。周囲に並び立つ民家、静寂に満ちる花木園に呼応するかのように、この一帯は静寂に覆われている。たまに啼く数羽の鳥の声が、静寂に鋭く亀裂を刻む。細い枝々に宿る無数の雨滴が、整然と並んできらめきを放ち、素朴な状景を飾る。天地の関わりとともに、美をも創造する水の働きは大きい。

★追分市民の森　⇓　（矢指市民の森）

三月七日（日）雨、相鉄線・三ツ境駅より徒歩にて十五分位。西部病院より一分位。丁字路信号機の右の坂道を上ると、杉林が広がる。遠方まで広がる広大なもので、車の走音が聞こえなければ、市民の森というよりは、山奥という感じである。己もすぐに自然の中に引き込まれる。

杉林を走る山道は、昔でいう六尺道であり、坦々としていて起伏がないこの道は、大変貴重に思える。仲間同士の軍拡競争のせいか、それぞれ太さは別として高さだけは同じようだ。真っ直ぐな成長は、〝ともかく、光を求めて上へ行かなければ（死が待っている）〟という竹林と同様、太さを犠牲にしての激しい競争の結果です。生きていくうえでの激しい競争は、人間社会以上のものがある。〝下川井〟方面と〝矢指市民の森〟への表示どおりに、一面下草のシダ類を足下に見ながら右折する。杉林が終わり、緩やかな坂道を下ると、〝追分広場〟の明るい雑木林であるが、朽ち葉の柔らかい道は直にまた杉林へ誘う。今度は谷戸の平坦な道となり、いかに浅い丘陵地であるかを証する。

突き当たりには、整備された市民の森らしい散策路があり、その前には「菜の花」畑が左右に広がる。広大な菜の花畑は、観客がいないにもかかわらず、小雨降るなか華やかに咲き誇っている。一時、この華やかな光景も私の所有物となる。右側の斜面には、お揃えの梅の低木が、四〇本くらい規則正しく並んで咲き競っている。その隣には、満開の大きな梅ノ木が、匂うように三本立ち並ぶ。まさに子供を見守る親のようである。左に地面を覆う黄色、右に地面と空間を彩る白色、雨が静かに降るなか、色彩の華やかさを競うこの一帯だけは、春爛漫である。小雨が降るとはいえ、満開時に観客が一人もいないとは、散り際を観るのであろうか？　それとも、「花は盛りに、月は隅なきをのみ観るものかは」のように、自然の観方は〝徒然草〟なみになったようである。それにしても、天候は最悪でも、華やかさは最良であった。梅が咲き誇る前の細い道を、菜の花畑を横切って進むと、

★〝矢指市民の森〟であるが、雨の関係で割愛いたします。

おわりに

親子である自然と文明は切り離せるものではない。〝宇宙は自然と魂からできている。〟という言葉を信ずるものであるが、太陽系においては、調和の下で運行が可能なのであり、錯綜や誤差はすべて調和を得るために進み、秩序・均衡を維持する。それが、宇宙の原理であり、宇宙の意思なのだと思う。地球においても、自然と文明との調和がなければ成り立たない。全体に占める自然の理想的な比率はわからないけれども、これから最も大切なことは、自然の中にいかに文明を築き、文明の中にいかに自然を取り入れるかという創造力と、自然と文明の調和とがより強要されることになります。

光と大気と環境がひとつに調和しているときには、のどかな春や澄んだ気候の小春日和という快い時間を私たちに与えます。そのときには、幸せと喜びが全身を覆い、自然への親近感と美しさが私たちの隣にいます。さらに、田舎（地方）では、早朝で天候さえよければ、いつでも素晴らしい光景は身近にあるのですが、都会では、早朝・厳寒・休日などの条件が一致したとき、つまり、それらの条件が揃い一つに調和したときには、田舎並みの光景を自然は披露してくれます。夜と朝の間には、自然の神秘と輝きと恍惚に誘う物語があります。視覚のみならずあらゆる感覚を揺り動かすほどの感動が、全身を満たします。このとき世俗の習慣を払拭して自然に抱かれますが、このとき人間は自然の一員であることを納得します。そして、生きものはすべて、宇宙の支配下にあるのです。

天空を通しての光と水が育む自然はどこにでもありますが、それは、人間と接触をして初めて命を得るのです。そういう自然は、その地域の人々に愛され大切にされながら、それぞれの地域に息づいております。しかし、人が個性を持つように、その自然が地域（町）の特徴を織り込むことは至難のことです。

それは、人との長い交流と創造力の積み重ねであり、旧い良いものと新しいものとの調和なのです。その精神の結実は、その町や地域が一流のものであることの証明なのです。その代表的なものは、田園風景・里山風景を擁する谷戸風景であります。そこには、心を癒し昔を偲ぶ心の原点ともいえる普遍的なものが宿っています。「これは大切にしなければならない」、「自然が好きだ」、「自然に憧れて」などと動機はさまざまであるにしても、自然の現場を守っているのはほとんどが〝ボランティア〟の人たちです。「自然を残そう、後世に伝えよう」という気持ちの表れの参集・お手伝いには、頭が下がる思いです。報酬は最低（ゼロ）でも精神は最高でありましょう。

「私さえよければ……」という我儘な個人主義？　思考が蔓延る、現実社会の片隅でのボランティアの地味な活動は、未来の灯火であり、人類の救世主となるかもしれない。一輪の花が宇宙へ繋がるように、小さな自然を守る仕事は、地球と人類を救い、世界を目覚めさせる最大の仕事であると確信するものです。小さい細い流れが大河となるように、小さな力が大きな力となり、それぞれが世界へ発信することにより、世界は変わっていきます。世界や日本を変え、地球を守ることができるのは、政治でも経済でもなく、何にも属さない第三の〝ボランティア集団〟かもしれません。

横浜市の裏の顔とも言うべき自然を守っているのは、ボランティアの人たちであるように、他の都市も同じような状況ではないかと推測します。何らかの形で、〝奉仕する人〟や〝与える人〟の対極には、〝奉仕される人〟や〝受ける人〟がいるわけですが、受け取る人がいなければ与えることもできないし、助けられる人がいなければ助けることができないように、〝与える人と受ける人〟そして〝助ける人と助けられる人〟は、自然と文明のように一体のものであり、切り離すことはできません。つまり、〝与える人〟と〝受ける人〟との関係は、全体としては一連の行為であり、一方的なことではありません。

したがって、動機が違っても、〝人と人とのつながりによって新しい価値を見出す〟ということにおいては、〝ボランティア〟も〝親切をする〟や〝愛する〟という一連関係も、程度の差こそあれ同じ方向なのです。要するに、横浜市とボランティアとは一連の関係であり、そこには意思の交流がなければならない、ということを言いたいだけです。

「道徳や倫理の欠落を説くよりも、身近なことより行動を起こすほうが、はるかに効果的だ」という点においては、ボランティアの人たちの行動は貴重であり、称賛するほかはありません。このような人たちを見ていると、日本の未来も明るいものとなるのですが、幼児のように我侭勝手な大人が多いことには悲観せざるを得ない。我侭勝手と個人主義思考を履き違えているのでは？　と疑問を抱かざるを得ない今日この頃です。

黒と白の色彩に引力が働くように、黒が白くなるのはよいが、白が黒くなる傾向にあるのも今の社会であり、いじめの現状でもある。いじめは、大人が子供世界に持ち込んだ黒い色彩だ。今は子供の世界は、大人の世界の縮図だ。それだけ大人と子供の世界の境界が、無くなりつつあるということだ。気の毒なのは子供だ。自然界にあるのは、やはり人間が持ち込んだ黒い色彩だけであり、悪がないかわりに激しい闘争はある。死闘を繰り広げる動物界と、激しい競争を繰り広げる植物界、動と静の死闘は自然の一面だ。愛情や親切や助け合いもまたその一面だ。これは人間が受け継いだ最高のものだ。自然から得るものは、物質的な恵みよりも、今では精神的なものの方が大きい。

自然界では、弱いものや競争に負けたものは、全体へ奉仕するために次の働きをするのですが、人間社会では、そのような人たちには一時的な手助けが必要なのです。そのために政治があるのです。社会が混乱に陥ったとき、助けを求める人が多いときこそ、政治の力が必要であり、それが今現在なのです。平穏無事なときにはあまり政治は必要としません。このような緊急時に新しいことを試みるのが、真の政治家ではないでしょうか？

自然が常に変わり新しくなるように、政治も常に変わり新しくならなければ、社会は悪くなるばかりです。社会が悪くなれば、当然自然も荒れます。平和ぼけのせいか悪くなっていることに気づかないのは、社会を直視していないか、自己が汚れているからです。自然が社会に、社会が自然に反映するように、不明瞭に写す汚れた大気は、社会の汚れを反映したものです。さまざまな情報や溢れるばかりの商品に遮られ、喧騒や霧のような不確かな噂や人の話に覆われてのことだから、社会の内の汚れが見えるはずもありません。

社会が衰退したのは、今までの道のりの中のどこかで、道を間違えたからです。常に自然が変わるように、社会も目まぐるしく変わっております。その変化に即応できる道を探さなければなりません。恒久的なものは何一つとしてありません。旧いなかになにも新しいものがなければすぐに途絶えますが、自然のように変化に変化を重ね常に新しくなることが、それが恒久的な姿なのです。即ち、常に新しく新しく変わることが、恒久的な姿であり、永遠を得ることなのです。それは、とりもなおさず、宇宙の原理でもあります。日本は、否、世界はそのような恒久的な姿を見つけなければなりません。そして、人類はいかに生きていくべきかを探り当てなければなりません。これは、名だたる横浜市から世界へ発信するならば効果は大きいことでしょう。

〝いかなる自然も人間がその場に立たなければ生命を得ない〟と信ずるものであるが、それでは奥深くの山や未踏の地、そして各地の保護区などは自然に値しないのであろうか？　それは人間の立場からの勝手な解釈であり、それらこそ純粋な自然というべきであろう。普通に考えて、人間によって変えられていない部分を「自然」とするならば、人間をはじめとして、空間・空気・深海、そして上記の〝純粋な自然〟を指すことになる。従って、人間の意志をまじえた建築・庭園・ダム・芸術品などを「人工」とするならば、市民の森や公園も手を加えて固定化したものであるから、当然純粋な自然には属さないことになるけれども、建築や庭園と同様に自然と人との合作であることと、その内に変えられていない里山・田園風景そして谷戸風景の存在を思えば、タイトルの範囲として許されることでしょう。

横浜市の郊外には、素晴らしい自然・みどりがまだ随所にあります。自然を見尽くすことなどできるはずもありませんが、私なりに見て回ったところを、私なりに書いたものです。素晴らしいところにかかわらず見ることができなかったり、見落としたところがまだたくさんあることに対して、ご容赦のほどをお願いいたします。それぞれの地において、美しい自然や大切にしている自然は、手を入れ心を入れるならば、磨くほど光る玉のように、自然は美しく輝くものです。そして、その町の特徴を現した個性的な自然を創って欲しいものです。それはその町の財産となり、それが町づくりの一歩であり、そして町づくりのすべてであります。さらに、町の個性が強ければ人を呼び寄せることもできることを、再度ここで強調させていただきました。

横浜市ということからすると、〝県立・四季の森〟は該当しませんが、自然の背後から政治的行政的な色彩を排除して、純粋な気持ちで自然と接したかったことを、一言付け加えておきます。

最後に、これからの都市は、ビル群の中にいかに多くの自然を残すか、いかに多くの自然を創るかであり、開拓した分だけ自然を創る努力が必要です。それは、人間が人間らしく生きていくためです。横浜市の自然が現状を維持でき、後世に伝えられることが理想的であり、それを心より願うものです。そして、現場にて活動しているボランティアの人たちと関係者の皆さん！「大切な仕事をしている」ことの認識を強く持って、今後のご健闘をお祈りしてペンをおきます。

編集第一部長・水野浩志様には、厚情あるご指導とご便達を賜わり心より御礼申し上げます。尚、今村郁美殿には、入院の際手足となり動いて頂き感謝しております。ありがとうございました。

自然と文明

2010年11月25日　初版発行

著者

浜　未来

発行・発売

創英社／三省堂書店

〒101-0051　東京都千代田区神田神保町1-1

Tel：03-3291-2295　Fax：03-3292-7687

制作／プログレス

印刷／製本　藤原印刷

ISBN978-4-88142-506-0 C0025